微生物相解析技術

―目に見えない微生物を遺伝子で解析する―

中村和憲・関口勇地 著

米田出版

まえがき

　地球は様々な生物で満ちている。熱帯のジャングルには多様な植物、様々な動物が生息し、私達はたとえいったことがなくとも、テレビや映画、雑誌などでその多様な生物を見ることができる。このような目で見える生物以外にも目に見えない生物群、いわゆる微生物が地球上には満ちあふれている。肥沃な土壌 1g には 1 億から 10 億個の微生物が棲んでおり、光合成で生産された各種の有機物の無機化、物質循環の基盤を支えている。南太平洋の珊瑚礁のような透明度の高い水の中でも、1ml 当たり 10^3～10^5 個程度の微生物が棲んでいる。およそ生物が生息できるとは思えないような高温高圧の海底熱水噴出口にも微生物が生きており、イオウなどの無機化合物をエネルギー源とした生態系の基盤を支えている。地球上で微生物が棲んでいない場所を探すことはほとんど不可能といってよい。

　自然界のみならず各種の人工生態系、例えば下水処理プロセスなどの生物学的廃水処理システムは、微生物の過密地帯ともいえるほど多種多様な微生物の棲みかとなっている。処理槽内の汚泥混合液 1ml には 100 億個もの微生物が棲んでおり、汚濁物質の除去に寄与している。味噌、ワイン、チーズ、ヨーグルトなどの発酵食品の中や、私達の腸管にも多数の微生物が棲んでいる。

　このような多様な微生物の世界を探検する方法を人間は様々に工夫してきた。最も簡単なのは顕微鏡で直接観察する方法であるが、微生物の多くは動植物ほど形態的な差がないため、顕微鏡で見ただけでは何という微生物か判断することは困難である。そこで、寒天培地などを利用して特定の微生物を分離培養し、培養した微生物の生理学的な特性を解析したり、細胞構成成分を分析したりすることによって微生物を区別差別（学問的には分類・同定という）する手法がとられるようになった。

　しかし、このような方法で解析できる微生物は、地球上に生息している微

生物の内のほんの一部（1％以下）であることが近年の新しい微生物相解析技術によって明らかにされつつある。近い将来、残りの99％以上の微生物を解析することも夢ではなくなるかもしれない。この地球上の特定の環境に、どのような微生物がどのくらい生息し、どのような役割を果たしているのか明らかにできれば、その情報は様々なことに利用できるのではないだろうか。

　そこで本書においては、急速に進歩しつつある微生物相解析技術の最前線を紹介したい。紹介する微生物相解析技術は、基本的には遺伝子の解析技術を基盤としていることから、遺伝子解析に基づく最先端の医療診断技術との関連も深い。遺伝子を取り扱う点で人の遺伝子も微生物の遺伝子も似たようなものである。したがって、以上のような視点からも役に立つように取りまとめてみた。もっとも専門書というよりは、微生物相の解析に興味を持っている方の入門書として、微生物相解析とはどんなものか全体像を理解していただくことを中心とした。

　第1章では、目には見えないが人と地球環境の維持に役立っている微生物の世界を紹介する。微生物相を解析するためには異なる微生物を区別差別、すなわち微生物を分類・同定する必要があるが、第2章では、これまでの分類・同定手法と、遺伝子の塩基配列を利用した新しい分類・同定手法の基本について概説したい。遺伝子の塩基配列を利用した分類・同定手法の確立には、遺伝子の取扱い技術の進歩が大きな寄与をしている。そこで第3章では、遺伝子増幅法、塩基配列解析技術を中心に説明するとともに、塩基配列情報の集積とその取扱い技術が技術革新をもたらした点を強調したい。第4章では、新しい微生物相解析技術の詳細について手法ごとに整理した。第5章、第6章では、特定の微生物（群）を定量的に検出するための手法について、遺伝子の増幅を行わない手法とPCR法による増幅とを組み合わせた手法に大きく分類して詳述した。本文に述べたように、各種の手法には、それぞれに長所短所がある。どの方法を使うかは、目的によって使い分ける必要がある。本分野の解析技術は日進月歩であり、したがってまだまだ改良の余地が残されている。ということは、技術そのものにまだ問題点が散見されるので、第7章では、実際に使用する際の問題点を整理した。急速に進展しつつある微生物相解析技術を駆使することにより、特定の環境に生息する微生物の系

統分類学的な位置は明らかにできても、その微生物が特定の環境で何をしているのかといった、機能にかかわる情報が直接わかるわけではない。そこで、第8章では、分離培養が困難な未知の微生物群の機能を解析するための新しいアプローチについて概説した。

　塩基配列情報に基づいた微生物相解析技術は、今後さらなるハイスループット化が進むとともに精度の向上も期待できる。あらゆるサンプルの微生物相を高速でしかも低価格で解析できるようになれば、各種生物処理プロセスやバイオレメディエーションサイトの維持管理、発酵食品の品質管理、農作地の適正診断や連作障害の防止、腸内細菌相の解析による健康管理などに応用できるようになるものと期待される。

2009年3月

中村和憲
関口勇地

目　次

まえがき

第1章　目に見えない微生物の世界 …………………………………… 1
1.1　食品と微生物　*1*
1.2　人工生態系の微生物　*3*
1.3　自然生態系の微生物　*8*
1.4　特殊環境下の微生物　*11*

第2章　微生物の分類・同定 ……………………………………………… 15
2.1　微生物の分離培養　*15*
2.2　形態的な特徴を利用した微生物の分類・同定　*18*
2.3　生理的・化学的特性を利用した微生物の分類・同定　*19*
2.4　遺伝子の塩基配列を利用した微生物の分類・同定　*23*
2.5　塩基配列を利用した分類・同定の実際　*29*
2.6　微生物の自然分類、原核生物における種とは何か　*33*
2.7　細菌・古細菌の分類体系　*35*

第3章　遺伝子取扱い技術の進歩 ……………………………………… 39
3.1　遺伝子組換え技術　*39*
3.2　遺伝子増幅技術　*41*
3.3　塩基配列解析技術　*45*
3.4　塩基配列情報の集積と利用技術　*47*
3.5　未培養（未知）微生物に関する情報の集積　*52*

第4章 分子生物学的手法を利用した微生物相解析技術……………59
- 4.1 リボソームRNAアプローチ　*60*
- 4.2 クローンライブラリ法　*64*
- 4.3 DGGE・TGGE・SSCP法　*69*
- 4.4 T-RFLP法　*71*
- 4.5 その他の手法　*73*
- 4.6 微生物の多様性を統計学的にとらえる　*75*

第5章 特定の微生物群を定量的に検出するための分子生物学的手法……………79
- 5.1 抗体を利用した方法　*80*
- 5.2 ドットブロットハイブリダイゼーション法　*82*
- 5.3 FISH法　*86*
- 5.4 DNAマイクロアレイを利用した方法　*91*
- 5.5 rRNA分子を標的とした配列特異的切断法　*92*

第6章 特定の微生物群を定量的に検出するための分子生物学的手法（PCR編）……………97
- 6.1 競合的定量PCR法　*98*
- 6.2 リアルタイム定量的PCR法　*99*
- 6.3 内部標準遺伝子を利用した増幅エンドポイント定量法　*102*
- 6.4 1塩基伸長反応とキャピラリー電気泳動を利用した定量法　*103*
- 6.5 増幅遺伝子量の計測方法　*106*
- 6.6 SNPs検出とrRNA遺伝子検出の類似性　*110*

第7章 分子生物学的微生物相解析技術の問題点……………119
- 7.1 DNA・RNA抽出時の問題点　*119*
- 7.2 PCR増幅時の問題点　*122*
- 7.3 それ以外の問題点　*133*
- 7.4 本当に16S rRNA遺伝子でよいのか？　*135*

7.5 分子系統解析からはそれぞれの微生物群が持つ機能はわからない　*137*

第 8 章　未培養微生物群の機能解析のためのアプローチ …………*139*
8.1 MAR-FISH 法　*140*
8.2 SIP 法　*143*
8.3 in situ での遺伝子・mRNA 検出　*146*
8.4 メタゲノムアプローチ　*148*
8.5 難培養性微生物を培養する　*151*
8.6 今後の課題　*154*

付　録 …………………………………………………………………*157*
付録 1　rRNA 遺伝子配列の解析と原核生物の分類体系に関連する代表的なウェブサイト　*157*
付録 2　16S rRNA 遺伝子の PCR 増幅や rRNA 検出の際に使用される代表的なプライマーとプローブ　*162*

参考文献　*163*

あとがき　*169*

事項索引　*171*

第1章

目に見えない微生物の世界

　まえがきにも述べたように、地球は様々な微生物で満ちており、微生物がいない場所を探すことは至難の業である。例えば、土壌1gの中には1〜10億個もの微生物が棲んでいるし、各種の発酵食品、例えば味噌や納豆には生きている乳酸菌や酵母、枯草菌（納豆菌）などが入っている。しかし、それらの微生物は1〜10μm（マイクロメートル：1mmの1000分の1）程度の大きさしかないので、目で確かめることはできない。もし人間が微生物達を目で直接見ることができるとしたら、清潔好きな人は気絶してしまうかもしれないほど、周りは微生物で満ちている。目では直接見えない微生物の世界を簡単に紹介したい。

1.1　食品と微生物

　私達は知らない間に多くの発酵食品を利用している。発酵食品には微生物の発酵能を利用し造った後に、微生物を熱によって滅菌したもの、ろ過することにより除去したもの、発酵後も微生物が生きているものなどがある。まず、酒から考えてみよう。ウイスキー、ブランディー、ラム、ウオッカ、それに健康によいということで人気がある芋焼酎などの蒸留酒は、酵母によって糖質をアルコール発酵させた後アルコールを蒸留して濃縮しているため、酒そのものにはもう酵母は入っていない。最近の大手が造ったビール、日本酒などもフィルターでろ過しているので、酵母は入っていない。しかし、ワ

イン、地ビールの多く、椰子酒、馬乳酒、もちろん濁酒（どぶろく）などには生きた酵母や乳酸菌が入っている。

　次に、タンパク質を利用した各種の発酵食品や調味料がある。醤油やナンプラーなどの調味料は、麦や大豆、魚肉を発酵させタンパク質を分解することにより遊離アミノ酸を増加させた後、ろ過し、さらに加熱して微生物を失活（死滅）させる。したがって、発酵食品ではあっても生きた微生物は入っていない。一方、味噌、カマンベールチーズ、ブルーチーズ、イエローチーズなどのナチュラルチーズ、ヨーグルトは、生きている酵母、乳酸菌、カビ類を含んでいる。わが国で独自の進化を遂げたと思われるプロセスチーズは、発酵を止めたチーズを原料として作った加工食品であるため、生きている微生物を含んでいない。

　この他にも、各種の塩から、漬け物、糠味噌やくさや汁にも乳酸菌や酵母、その他の多くの細菌類が棲んでいる。当然発酵食品に利用される微生物（あるいは勝手に生えてくる微生物）は、病原性や毒性が少なく人間には有用な微生物であるが、微生物の中には食中毒を引き起こす *Vibrio*（ビブリオ）、*Salmonella*（サルモネラ）、*Clostridium*（クロストリジューム）、病院内感染で大きな問題となっている *Staphylococcus*（スタフィロコッカス）などの細菌や、毒素を生産するカビ類がいる。

　人間が利用する食品の多くはもともと微生物汚染が極めて少ない。例えば、ブドウのような果物、米や麦のような穀類は、表面には微生物が付着しているが、内部にまで侵入しないような防御機構を持っている。しかし、いったん外皮が破れたりすることによって微生物が侵入すると、あっという間に腐ってしまう。運がよければブドウは葡萄酒になったり米は麹になったりもするが、よほど条件がそろわないと無理である。すなわち、各種の食品は収穫され、何らかの加工を受けた後は、微生物の攻撃を受け腐敗しやすくなってしまう。したがって、人間にとって都合の悪い微生物（一般的に雑菌といっている）に繁殖される前に、都合のよい微生物が繁殖しやすくなるような工夫が発酵食品の利用へとつながったのである。

　乳酸菌が生産する乳酸やバクテリオシン（抗菌物質の一種）、納豆菌が生産するズブチリシン（同様に抗菌物質の一種）などは他の微生物の成育を阻害

するし、酵母が生産するアルコール（エタノール）、酢酸菌が生産する酢酸も他の微生物の成育を阻害する。一方、麹カビや麦芽は、デンプンを速やかに糖化し、酵母や乳酸菌が利用可能なブドウ糖に変換する。したがって、人に有害な微生物が食品に繁殖する前に、酵母や乳酸菌や納豆菌を生育させてしまえば腐敗を防ぐことができる。醤油、味噌、漬け物、塩からなどでは、食塩を添加することによって雑菌の繁殖を防止しつつ、高塩分濃度に強い乳酸菌や好塩性酵母を繁殖させ、腐敗を防止している。

以上のような発酵食品の製造には、純粋な微生物が使用される場合もあるが、伝統的な発酵食品のほとんどは酵母や乳酸菌以外にも様々な微生物が関与しており、独特の風味や香りを醸し出すのに役立っている。

1.2 人工生態系の微生物

自然生態系に対し、人間の管理下にあり工学的な制御を受けている生態系を人工生態系として位置づけることができる。下水処理、工場排水処理などに利用されている生物学的排水処理プロセス、メタン発酵プロセス、生物脱臭プロセス、コンポストプロセス、水族館の水再生装置、小さなものでは家庭用生ゴミ処理機や観賞魚用水処理装置などが代表的な人工生態系といえる。人工生態系とはいっても、発酵食品の中の微生物相に比較し極めて複雑な微生物構成となっており、まだ、それぞれのプロセスに関与する微生物の詳しい解析は進んでいない。

このような人工生態系の微生物はおよそどのような構成となっているのかについて、最も広く普及している排水処理プロセスである活性汚泥処理プロセスを例にとって説明してみたい。

活性汚泥処理プロセスは図 1-1 に示したように、通常、排水中の有機物を好気性の微生物群によって酸化分解するための曝気槽、微生物の集団である活性汚泥を処理した水と分離するための沈殿槽、沈殿した活性汚泥を曝気槽へ返送し繰り返し使うための汚泥返送系、酸化分解に必要な酸素を供給するための通気装置から構成される。曝気槽の中の微生物濃度（活性汚泥濃度）は、沈殿槽で重力によって沈降濃縮できる活性汚泥濃度が上限となるが、通

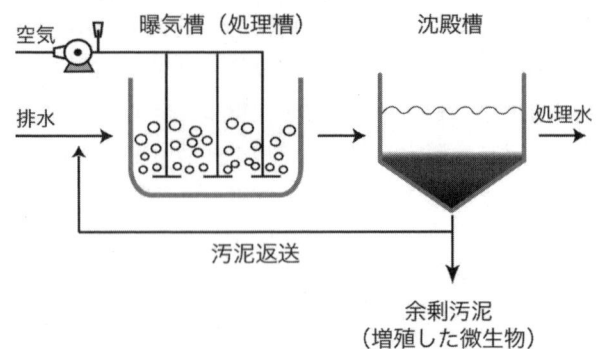

図 1-1 活性汚泥処理プロセス。流入してくる排水は曝気槽と呼ばれる処理槽で、活性汚泥（微生物の集団）によって酸化分解される。処理された排水は活性汚泥とともに曝気槽から流出し、沈殿槽に流入する。沈殿槽では活性汚泥と処理された排水が重力沈降で分離され、上澄みが処理水として排出される。沈殿した活性汚泥の大部分は曝気槽へ返送されるが、増加した分は余剰汚泥として引き抜かれ処分される。

常乾燥重量で 5,000 mg/l（0.5％）程度となる。なるべく高く保ったほうが処理速度を高くとることができるとともに、処理の安定性が増加するが、沈殿した活性汚泥の濃度は 10,000 mg/l 程度にしかならない。活性汚泥中の微生物は主に細菌であるが、細菌の中には糸状性の細菌もあり、このような細菌が増殖してくると、活性汚泥が綿状となり（バルキングと呼んでいる）、沈降汚泥の濃度が著しく低下してしまう。このため、バルキングを抑制するための運転管理が重要となる。

　活性汚泥を構成する微生物は、排水の組成や運転条件によって決定される。有機物を分解する微生物は主に細菌であるが、酵母やカビのような真核微生物も出現する。また、細菌を捕食する原生動物や微小後生動物もよく出現する。排水に含有される有機物は、デンプン、糖、有機酸、アミノ酸、脂質、その他各種の化学物質など極めて多様であり、有機物の種類に応じて分解に関与する微生物の種類も異なってくる。また、窒素化合物は脱アミノ反応によってアンモニウムイオンとなり、アンモニウムイオンはアンモニア酸化細菌によって亜硝酸イオンとなり、さらに硝化細菌によって硝酸イオンにまで酸化される。含硫アミノ酸に含まれるイオウはイオウ酸化細菌によって硫酸イオンに酸化される。すなわち、排水に含有される有機物などの化学成分が

複雑になればなるほど、活性汚泥を構成する微生物の種類も複雑になる。

細菌の大きさは通常 $1\mu m$ 程度であることから、その容積は $10^{-12}cm^3$ である。したがって、活性汚泥に密に細菌が詰まっていれば $1ml$ に 10^{12} 個の細菌が存在することになる。活性汚泥はゲル状物質などによっても構成されていることから、実際の細菌数は 10^{10}〜10^{11} 個程度となる。それでもすごい数である。また重さで考えてみると、活性汚泥の濃度（乾燥重量）は 2,000〜5,000 mg/l であることから、2〜5 kg/トン、すなわち 1 トンの曝気槽に乾燥重量で 2〜5 kg の活性汚泥（半分くらいが微生物菌体そのものと考えられる）が入っている。下水処理場の曝気槽容量は何万トンから何十万トンという規模になるので、その中で働いている微生物量は凄まじい量となる。

排水処理の速度についても少し触れておきたい。下水中の有機物濃度は、BOD（Biochemical Oxygen Demand：生物化学的酸素要求量、有機物濃度とほぼ同じと考えてよい）濃度で 150 mg/l（0.015％）程度である。このような濃度の下水を、曝気槽の滞留時間 6〜8 時間程度で処理をしていることから、1 トンの曝気槽で 1 日に 3〜4 トンの下水を処理していることになる。この中に入っている有機物（BOD）量は 0.45〜0.60 kg となる。すなわち、下水処理などでは 1 日に 1 トンの曝気槽で 0.5 kg くらいの有機物を処理していることになる。水中に存在する濃度の薄い有機物を生物学的に燃焼するスピードはそれほど速くない。

さらに進めると、1 トンの曝気槽中の微生物量は 2〜5 kg であるから、1 kg の微生物が食べる有機物量は 0.25〜0.1 kg 程度となる。食べた有機物の半分が酸化分解され、残りが微生物菌体に変換される（増殖に利用される）と仮定すると、微生物の増殖スピードは 1 日に 0.125〜0.05 kg/kg となる。すなわち、10〜20 日くらいで倍になるスピードで増えていることになる。いわゆる試験管の中で扱う微生物の増殖速度に比較すると 100 分の 1 程度の速度になる。

次に生物処理プロセスの中で、有機物を嫌気的（酸素が存在しない環境）に処理するメタン発酵プロセスについても簡単に触れてみたい。炭水化物などが好気的（酸素存在下）に分解されると二酸化炭素と水になるが、嫌気的に分解されると最終的に二酸化炭素とメタンになる。最終的にと表現したの

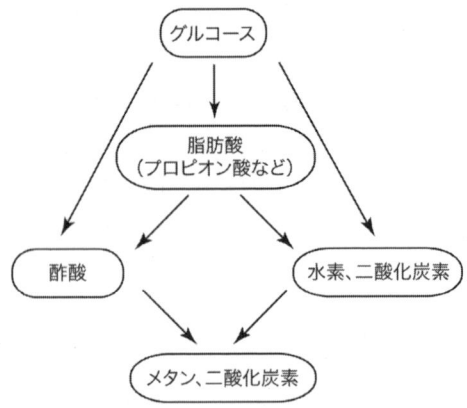

図 1-2 嫌気的有機物分解ステップ（例：グルコース）。グルコースはまず有機酸へ変換され、これが他の細菌によって酢酸、水素、二酸化炭素に変換される。生成した酢酸は酢酸利用性のメタン生成古細菌によってメタンと二酸化炭素に分解され、水素と一部の二酸化炭素は水素利用性のメタン生成古細菌によってメタンへ変換される。

には理由がある。有効な酸化剤がある好気条件下では、多環芳香族化合物のようなかなり複雑な有機物も１種類の微生物で二酸化炭素まで酸化分解できるが、嫌気条件下では１種類の微生物ではメタンと二酸化炭素にまで分解できない。

代表的な糖類であるグルコースを例にとると（図1-2）、グルコースはまず有機酸へ変換され、これが他の細菌によって酢酸に変換される。酢酸が生成するときには一緒に二酸化炭素と水素も生成する。生成した酢酸は酢酸利用性のメタン生成古細菌（*Archaea*：アーキア）（図1-3）によってメタンと二酸化炭素に分解される。また、水素と一部の二酸化炭素は水素利用性のメタン生成古細菌によってメタンへ変換される。すなわち、グルコースをメタンと二酸化炭素に分解するには少なくとも４種類の微生物が必要となる。したがって、嫌気性処理プロセスの微生物相は、単純な有機性排水を処理していても結構複雑となってしまう。

コンポスト化装置や家庭用生ゴミ処理機は基本的には、活性汚泥プロセスと同じように好気性微生物による有機物の好気的分解プロセスである。糖やタンパク質や脂質などの分解されやすい有機物は速やかに酸化分解され、繊

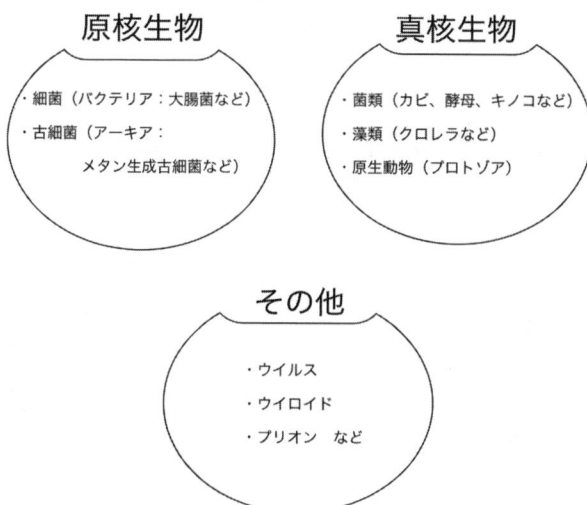

図 1-3 微生物の大分類。微生物は、大きく真核生物、原核生物、その他のウイルスなどに分けられる。真核生物にはカビや酵母などが含まれ、原核生物には細菌（*Bacteria*：バクテリア）、古細菌（*Archaea*：アーキア）が含まれる。バクテリアとアーキアは分類学的にドメインレベルで異なる生物である。

維質やリグニンのような分解されにくい有機物の一部が残存して安定なコンポストとなる。この点では活性汚泥プロセスとほぼ同じであるが、処理される有機物が固形であるため、固形物の内部にまで酸素が拡散していかない場合がある。このような場合には嫌気性微生物による発酵が起こり、有機酸が生成することがある。有機酸は最終的に好気分解されるが、蓄積しすぎると好気性細菌の生育が阻害されコンポスト化処理が失敗してしまうことがある。水系での処理と異なり、空気中の酸素の拡散が重要となる。したがって、通気攪拌や水分含量の調節が極めて重要となる。

　生物学的脱臭装置も基本的には好気性処理プロセスである。悪臭成分として指定されている化合物はすべて微生物によって酸化分解できるため、基本的に生物処理によって除去できる。活性汚泥プロセスと異なる点は、分解すべき化合物が気相に存在するため、気液接触させることによって水相に溶け込ませて処理しなければならないことである。このため、活性汚泥槽に悪臭ガスを吹き込む方法、軽石のような充填物を入れた容器の上面から散水しな

がら、悪臭ガスを容器の下から上向流で流す方法などがとられる。水相に悪臭ガスを吹き込む方法は圧力損失が高くなり動力費がかさむため、通常充填塔型の処理装置が用いられる場合が多い。もちろん、湿り気のある土壌の下に通気パイプを設け悪臭ガスを流すことによっても悪臭の除去ができる。悪臭成分の多くは低分子の有機酸や芳香族化合物などであるが、硫化水素やアンモニアなどのイオウ化合物や窒素化合物もある。このような場合にはイオウ酸化細菌やアンモニア酸化細菌が中心的に働くことになる。

1.3 自然生態系の微生物

地球上にはいろいろな生物が住んでいるが、地球上の生物というと、熱帯のジャングルやマングローブ林やサバンナなどに生息している動植物を真っ先に連想してしまい、目に見えない微生物のことをイメージできる人は少ないと思う。しかし、砂漠のように動植物が全く生きていないような世界があったとしても、地球上で微生物が全くいないところを探すことはほとんど不可能に近い。実際、砂漠にも、南極にも、温泉が噴き出しているところにも微生物は生きているのである。

また、その数も種類も半端ではない。森林土壌や肥沃な土壌1gには1億個とか10億個とかいうレベルの微生物が生息している。人工生態系の代表として説明した活性汚泥の中の微生物に匹敵するような微生物が生息している。1998年に米国の研究者らが地球上の原核生物（細菌および古細菌）細胞の総存在量を推定しているが、地球上には10^{30}個の原核生物細胞が存在するらしい（表1-1）。この数字だけではピンとこないかもしれないが、この存在量を炭素量に変換した場合、原核生物の総炭素量は、地球上の全植物の総炭素量にほぼ匹敵する。地球上には極めて多くの植物が繁茂し、その繁栄を謳歌しているように見えるが、それと匹敵する規模の目に見えない生物群が、地球上には存在していることになる。この推定は、カビなどの真核微生物を含まない推定であるが、それでもこれだけの微生物細胞が存在するという推定は、微生物にかかわる研究者にとっても驚くべき推定である。

地球上におけるこれだけの存在量の微生物群が、いったいどれほどの遺伝

表 1-1 地球上の原核微生物細胞存在数の割合。1998 年、米国の研究者らの推定値。地球上には 10^{30} 個ほどの原核生物細胞が存在するらしい。

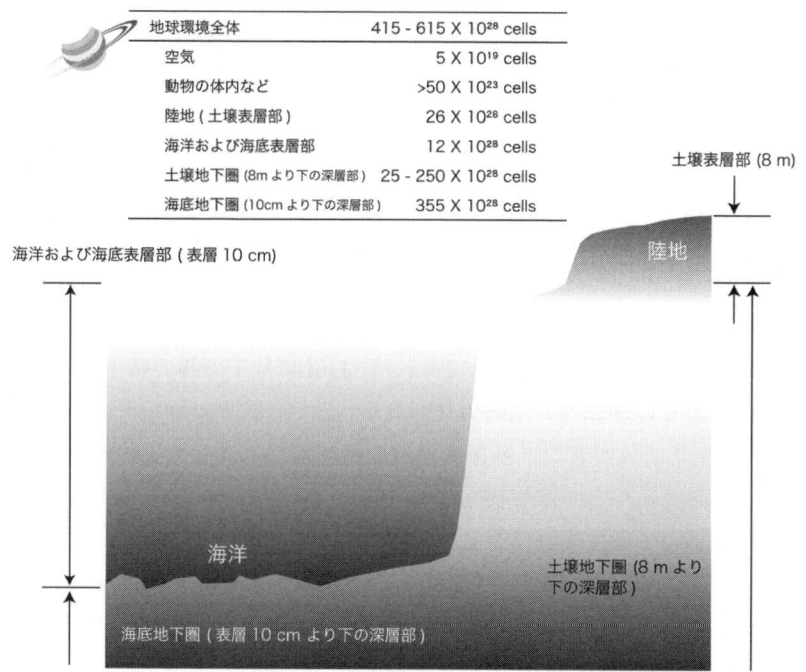

的多様性を持つかについては、まだ誰にもわからない。限られたほんの 1g の土壌の中でさえ、どのくらいの種類の微生物がいるかについて、本当に信頼するに足る情報は蓄積されていない。後述する新しい微生物相解析技術を駆使したとしても、およその見当はつけることができると思うが、完全に明らかにすることは非常に難しいと思われる。しかしながら、土壌から抽出した核酸を利用した最近の推定では、どの程度確からしいかは定かでないが、土壌 1～10 g 程度の試料に 1 万～100 万種を超える微生物が存在している場合もあるらしい。

また、森林土壌は、落葉や枯れ枝、枯れ草などが微生物分解を受け、安定なフミン質のような有機物となり、粘土粒子などと一緒になってできている。落葉や枯れ枝を分解するのは、私達が目で見ることができる数少ない微生物

であるキノコ類である。キノコ類は目に見える子実体を作るが、菌糸だけで増殖できるため、微生物（真核微生物）の仲間になる。キノコが生えるような土壌は、その下はキノコの菌糸で覆われている。キノコの仲間には、木質を構成するリグニン類を分解する白色腐朽菌と、セルロースやヘミセルロースを主に分解する黒色腐朽菌がある。白色腐朽菌はリグニンを分解しセルロースを食べ残すため、食べ残した木が白く見える。一方、黒色腐朽菌は、セルロースやヘミセルロースを食べてリグニンを食い残すので、分解した残渣が黒く見える。木質の分解にはキノコ類がかかわっているが、キノコが分解できない成分については原核生物（細菌類）が分解している。

　土壌のみならず、水の中にも微生物は生息している。目で見て濁っているとか、不快な臭いがあるような水であれば、1 ml に数千万個の微生物がいる。外洋や南の美しい珊瑚礁の水の中にも 1 ml 当たり数十万個程度の微生物がいる。IC 産業に欠かせない基板洗浄用の超純水の中にも微生物が棲んでおり、ここからどうやって微生物を除去するか大変苦労しているほどである。空気中にも多くの微生物が浮遊していることから、IC 産業にはこれを取り除くためのヘパフィルター（高性能微粒子除去フィルター）が欠かせない。

　このように、人が生活している環境も含め自然環境は微生物で満ち満ちている。1 回呼吸するたびに何十個、食事をするときにさえどんなに気をつけても何万個という微生物が入ってくる。

　自然生態系に分類すべきかどうかわからないが、私達人間も含め、あらゆる動物の腸管には夥しい数の微生物が棲んでいる。汚い話で申し訳ないが、大便の固形物の内半分くらいが微生物菌体であるといわれている。その中には *Clostridium* などの悪玉菌や乳酸菌などの善玉菌がおり、人の健康に大きな影響を及ぼしている。核酸を利用した推定では、人間の腸内には 500 種を超える原核生物が生息しているらしいことがわかってきつつある。牛や野生の草食動物は反芻胃や発達した盲腸を持っており、ここに微生物を生息させセルロースなどの分解を促進している。動物の消化酵素では草の中のセルロース成分を分解できないが、反芻胃に生息している細菌の中にはセルロースを分解し、有機酸発酵することができるものが多い。動物はこの有機酸を利用している。

小さな昆虫類も実は微生物を有効活用していることが明らかにされつつある。例えばアブラムシ（アリマキ）は、農作物の害虫であるが、吸っているのは野菜類など植物の汁である。十分にタンパク質やアミノ酸を摂ることができる人間にはいかにも体によさそうに思われるが、実は、栄養的には大変偏っており、特にアミノ酸のバランスが悪い。アブラムシは体の細胞の中に特殊な共生微生物（*Buchnera*：ブフネラ）を飼っており、*Buchnera* に餌をあげる代わりにアミノ酸のバランスを整えてもらっているらしい。このような微生物を内部共生微生物と呼んでいるが、これらの多くはもはや自分だけでは生きられなくなっており、アブラムシの中で親から子へと垂直に送り継がれつつ生きている。質素なものしか餌にできない昆虫の半分以上（現在まで知られている昆虫種の約1割程度）が共生微生物を利用しているらしい。

植物も微生物を利用している。最も有名なのは根粒菌（*Rhizobium* [リゾビューム]：細菌）である。光合成ができる植物は窒素やリンといった元素があれば生育できるが、土壌中に窒素やリン化合物が必ずしも十分に存在するとは限らない。普通窒素やリンは動物の糞や生物遺体などを経由して供給され、空気中にたくさんある窒素ガスは植物には利用できない。しかし、根粒菌は豆科植物の根の中に根粒を形成して棲んでおり、空気中の窒素を植物が利用できるアミノ体の窒素に変換して植物に供給している。根粒菌は代わりに植物から光合成で得られた糖類などをもらって生きている。

1.4 特殊環境下の微生物

日本は火山列島であり、皆さんが好きな温泉が至るところにある。温泉にはいろいろな泉質のものがある。強烈な酸性の温泉やアルカリ泉、塩濃度の高いもの、温度も100°Cで吹き出しているものなどがあり、通常の環境からかけ離れたものが多い。また、海底熱水噴出口はさらなる極限環境となる。深海は高い圧力がかかっているため、海底火山などから熱水が噴出するところでは、熱水の温度が200〜300°Cにも達する。また、温泉などと同じように生物にとっては毒性が強い硫化水素ガスなども多く含まれる。

以上のような特殊な環境でも微生物は生きている。極限環境に生息する微

表 1-2 極限環境に生息する微生物の代表例。100℃以上の環境でも良好に生育できる微生物、pH 1 くらいの硫酸のお風呂でも硫化水素などを食べて平気で増殖できる微生物、硫化水素が含まれる上、温度も極めて高い海底熱水噴出口で生きている微生物などがいる。

環　　境	微 生 物 名	特　　徴
高温環境下	Pyrolobus fumarii （アーキア）	深海熱水口に生息 （90-113℃で生育）
	Geothermobacterium ferrireducens （バクテリア）	温泉の底泥に生息 （65-100℃で生育）
酸性環境下 （pH 0-3）	Acidiphilium acidophilum （バクテリア）	鉱山などの酸性水などに生息 （pH 1.5-6.0で生育）
	Picrophilus oshimae （アーキア）	温泉堆積物などに生息 （pH 0付近でも生育）
	Acidithiobacillus thiooxidans （バクテリア）	土壌などに生育 （pH 0.5-5.5で生育）
アルカリ性環境下 （pH 9-11）	Bacillus horti （バクテリア）	土壌などに生息 （至適pHは8-10）
	Alkalibacterium iburiense （バクテリア）	pH 9-12で生育
高塩濃度環境下	Halobacterium salinarum （アーキア）	塩湖などに生息 （至適塩濃度は3.5-4.5 M NaCl）
	Halobiforma haloterrestris （アーキア）	高塩濃度土壌に生息 （至適塩濃度は3.4 M NaCl）

生物の代表的例を表 1-2 に示したが、例えば、Pyrolobus（パイロロバス）属古細菌などは、100℃以上の環境でも良好に生育し、その最大生育温度は110℃を超える。蔵王温泉や野沢温泉は硫酸酸性の強い温泉であるが、pH 1 くらいの硫酸のお風呂でも硫化水素などを食べて平気で増殖できる Thiobacillus（チオバシルス）属の細菌がいる。Picrophilus（ピクロファイラス）属古細菌は酸性土壌（pH＜0.5）などに生息すると考えられているが、その生育 pH は 0 付近である。また、海底熱水噴出口の熱水には硫化水素が含まれる上、温度も極めて高い。このような高温環境でもイオウ系の化合物を酸化してエネルギーを生産し、有機物を合成できる細菌や古細菌が生きている。このような微生物群が第 1 次生産者となり、これを捕食する原生動物やプランクトン、さらには貝類や甲殻類につながる生態系が維持されている。

酸素が全くない嫌気的環境下に生息する微生物群も、我々人間の視点から

見れば特殊環境下に生息する生物群といってよいだろう。先に紹介した地球上の原核生物の潜在量の推定によれば、全原核生物細胞の9割以上が陸域の土壌および海底堆積物、またその下の地殻内に存在するといわれている（表1-1）。このような環境は、ほとんど酸素が存在しない嫌気的環境であるが、そのような環境下に陸域表層、海域よりもはるかに膨大な量の生物圏が広がっているらしい。これらの嫌気的環境は人間から見たら特殊な環境といえるが、微生物にとってはむしろ主要な環境といえるのではないだろうか。その中にも、もちろん極めて多様な生物種が存在している。このような特殊環境に生息する微生物の多くは分離培養することが困難なものが多く、その実体は今後の解明を待つしかない。

第2章

微生物の分類・同定

　第1章では、微生物の生息環境とその多様性について概説してきた。それでは、これらの微生物の多様性はどのように調べられてきたのだろうか。目に見える動物や植物は、形態的に多様に進化してきたため、形態を観察することによって分類・同定がある程度可能である。例えば、動物の場合、同じ海に棲んでいてもウニやナマコが魚と違うこと、タコとイカが同じように魚とは違うことは一目瞭然である。植物は動物に比べてわかりにくいが、双子葉植物、単子葉植物の違いは見ただけでわかる。また、同じ単子葉類の中でもラン科とユリ科はよく似ているが、花に特徴的な違いがある。したがって、分類の専門家は動植物の場合見ただけでどのような種類かを同定することができる。顕微鏡で観察しないと見えないプランクトンや原生動物（場合によっては微生物と呼ばれる）でも、形態の観察によって分類・同定がある程度可能である。

　ところが、微生物、特に細菌、古細菌などの原核生物は小さいだけでなく形に大きな差がないことから、形で分類することは極めて困難である。本章では、このような微生物を分類・同定する方法について概説したい。

2.1　微生物の分離培養

　細菌、古細菌などの原核生物は一般に小さなものでは 0.5μm 程度、大きなものでも 2〜3μm 程度である。もちろん例外は常に存在し、*Thiomargarita*

（チオマルガリータ）属細菌の細胞のように1mm弱程度と細菌としてはバカでかいものもいる。また、最近ナノバクテリアと呼ばれる50〜200nm程度の大きさの自己増殖能を持つ（したがってウイルスなどではない）生物の存在が指摘されており、それが果たしてバクテリアなのかどうか議論されている。いずれにせよ、これらの微生物を1細胞だけ取り出してその機能などを詳細に調べることは現在の科学では不可能である。微生物の特徴を化学分析などにより詳しく調べ、その機能を解析するためには、同じ種類の微生物を混じりけなく（純粋に）ある程度の量を確保することが必要となる。環境試料1gの中の1億個もの微生物の中から同じ種類の微生物細胞だけを大量に集めることは、マクスウェルの悪魔でもいない限り、限りなく不可能である。もっとも、最近はセルソーターやレーザーピンセットという微生物細胞分取装置があるが、それでも同じ種類の微生物だけを集めることは困難である。

　そこで、使われる方法がパスツール、コッホの時代以来の微生物の分離培養法である。例えば、微生物が利用できる有機基質を含む培地に、適当な濃度、通常2％程度の寒天を溶かし、シャーレに流し込んで寒天培地を作り、

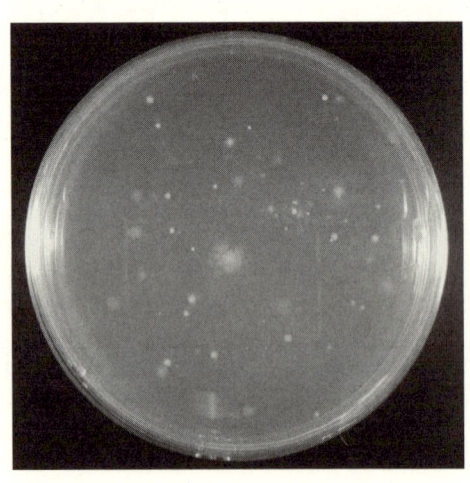

図2-1　寒天平板に形成されたコロニー。1個の微生物細胞が寒天表面で増殖して形成されたコロニー（増殖微生物の集団）は、混じりけのない純粋な微生物細胞から構成されている。

この上に微生物濃度を連続的に希釈して塗抹し、培養する方法である。希釈段階を調整することによって、寒天表面に10〜100個くらいのコロニーが形成されるが、1個の微生物細胞が寒天表面で増殖して形成されたコロニー（図2-1）は、通常混じりけのない純粋な微生物細胞から構成されている。場合によっては複数の微生物から構成されていることもある。このため、特定のコロニーを釣菌し（寒天平板上から特定のコロニーを採取することをこのようにいう）、滅菌水などに懸濁し、1個1個の細胞に分散させた後、もう一度寒天平板上に塗抹しコロニーを形成させることにより、純粋分離を確実にすることができる。

　ゲル化剤には寒天の他に、ジェランガムやシリカゲルなども用いられる。それぞれに特徴があり使い分けられるが、シリカゲルは有機物を嫌う硝化細菌やイオウ酸化細菌などの独立栄養細菌の分離に利用される。また、ジェラ

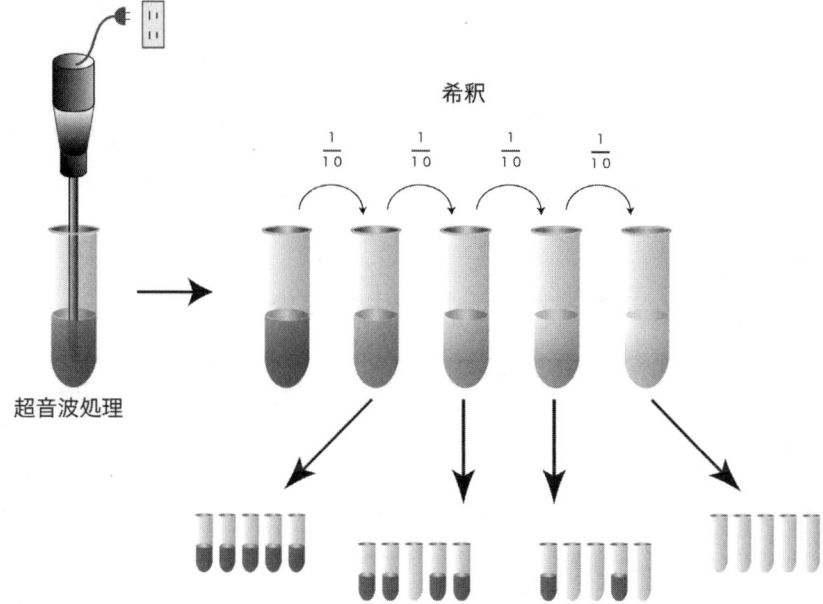

図2-2　MPN（Most Probable Number：最確数）法を利用した分離培養法。同じ希釈段階の試料を複数の液体培地培養したときに、微生物が生えてくる試験管と全く生えてこない試験管が出てきた場合、微生物が生えてきた試験管は1個の微生物細胞から増殖してきた確率が高くなる。

ンガムは寒天に比較して分離効率が高いとの報告もある。

以上のような固体培地を利用して分離培養する方法以外にも、液体培地を用いて微生物を計数するMPN（Most Probable Number：最確数）法を利用した分離培養法がある（図2-2）。これは、例えば試料を10倍ずつ希釈して、滅菌した液体培地の入った試験管に分注し培養する方法である。同じ希釈段階の試料を仮に5本の試験管に分注したときに、微生物が生えてくる試験管と全く生えてこない試験管が出てきた場合、微生物が生えてきた試験管は1個の微生物細胞から増殖してきた確率が高くなる。したがって、このような試験管から微生物を純粋に分離することが可能となる。仮に複数の微生物が混在している場合には、もう一度先に述べた方法と同じ操作を行うことにより、純粋分離を確実にすることができる。1種類の微生物を純粋分離することにより、この微生物を大量に培養することができるため、その菌体構成成分や機能を調べることができるようになる。

後でも詳しく述べるが、環境中の微生物の中にはこのような方法では分離培養が困難な微生物が多い。むしろ分離培養できない微生物が圧倒的に多い。したがって、純粋分離を試みる場合は、培地に添加する有機物の種類や濃度、ビタミンやミネラルなどの補助栄養源の種類や濃度を子細に検討する必要がある。

2.2 形態的な特徴を利用した微生物の分類・同定

微生物の中でも、カビ、担子菌、放線菌では、細胞形態や胞子の形成に著しい特徴を持つものが多い。このような微生物群は形態的な特徴によって大まかに分類することが可能である。特に特徴的な子実体を作る担子菌類、すなわち俗に言うキノコは子実体の特徴で種レベルまで分類が可能である。また、麹菌などのカビも経験的に胞子の付き方や色などでかなり詳しい分類ができるものが多い。

我々にとって経済的に重要な抗生物質を生産する青カビや各種の放線菌、食料となるキノコ類、各種の酵素を生産する麹菌、黒カビなどはこれまで主に形態的な特徴で分類されてきたが、自然界にはまだまだ多くの菌類（カビ、

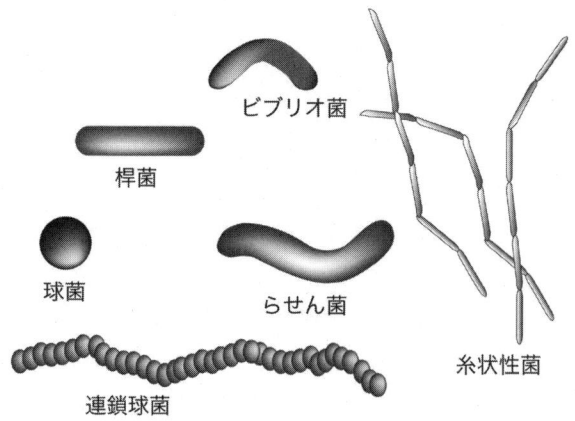

図 2-3 原核生物の代表的な形態。細菌、古細菌などの原核生物の形態は、球菌、桿菌、糸状性桿菌、らせん状桿菌、ビブリオ状など、その形態の多様性は限られているため、形態に基づいて自然分類することができない。

担子菌などをまとめて菌類と呼ぶ）が生息している。このような菌類の多様性については今後徐々に解明されてくると考えられるが、これまでのような形態学的な特徴を利用した分類には自ずと限界がくるものと想定される。

一方、細菌、古細菌などの原核生物の形態は、球菌、桿菌、糸状性桿菌、らせん状桿菌、ビブリオ状など、その形態の多様性は限られている（図 2-3）。したがって、その形態のいかんによって自然分類（系統学的な類縁関係をもとにした分類で、生物の進化史に基づいている。人間生活の都合によって分類された人為分類に対してこのような言い方をする）することは不可能である。また、グラム染色など、特定の染色液に対する細胞の染色の応答を見ることによって分類されることも多かったが、現在は重要な分類指標とは見なされていない。

2.3　生理的・化学的特性を利用した微生物の分類・同定

形態的に大きな違いが少ない原核生物（細菌および古細菌）もその生理機能には大きな違いがある。例えば、人間であればエネルギー源にはできない

アンモニア、イオウ、鉄やマンガンを酸化して生育できる細菌や古細菌、酸素以外の硝酸や亜硝酸あるいは硫酸、酸化鉄を酸化剤として利用可能な細菌、水素・二酸化炭素からメタンを合成してエネルギーを得ることができる古細菌（いわゆるメタン生成古細菌）、光合成によるエネルギー獲得系を有する細菌、有機物の発酵による基質レベルのリン酸化によってのみエネルギーを獲得する細菌など、生理機能の多様性には目を見張るものがある。したがって、これらの生理機能を中心にして分類することにより形態的な特徴を利用する以上に詳細な分類が可能となる。例えば、生理機能別に、メタン酸化細菌、イオウ酸化細菌、水素酸化細菌、アンモニア酸化細菌、亜硝酸酸化細菌、鉄酸化細菌、硝酸還元菌、脱窒素細菌、硫酸還元菌、鉄還元菌、メタン生成古細菌、あるいは窒素固定する能力を持った根粒菌、乳酸を作る乳酸菌などといった呼び方をする。

　しかしこのような分類は、その機能に基づいて慣用的に用いられる分類であって、系統的関係を反映した自然分類ではなく、人間の認識に基づく人為分類である。なぜならば、これらの機能に基づく分類が直接自然分類と一致することが部分的にはあっても、完全には一致することはないからである。このような生理機能を詳しく調べても、多様な微生物を正確に分類することは困難であることから、1950年代以降、生理機能とともに、化学分類学的な指標が分類に用いられるようになった。化学分類学的な指標とは、微生物菌体を構成する化学成分の中で分類に利用可能な指標として利用されるものを指している。このような指標として利用できる菌体成分としては、細胞壁の組成、脂質、菌体タンパク質、核酸などが上げられる。

　微生物は脆弱な細胞質を外界から守るため、微生物群に特徴的な、物理的に強固な細胞壁を持っている。このため、細胞壁の構成成分を分析することによって、ある程度分類に利用することができる。例えば、細菌の細胞壁はペプチドとアミノ糖鎖からなるペプチドグリカンから構成されるが（図2-4）、ペプチドグリカンを構成するペプチドのアミノ酸の種類、あるいは糖鎖の種類などは、細菌の分類群と密接な関係がある。また、細菌の中でもグラム染色陽性の放線菌の細胞壁にはジアミノピメリン酸というアミノ酸が含有されており、このタイプで比較的精度の高い分類が可能となる。一方、酵

$$\left(\begin{array}{c} - \text{GlcNAc} - \text{MurNAc} - \\ | \\ \text{Ala} - \text{Glu} - \text{A}_2\text{pm} - \text{Ala} - \end{array} \right)_x$$

図 2-4 ペプチドグリカンの構造。ペプチドグリカンを構成するペプチドのアミノ酸の種類、あるいは糖鎖の種類などは、細菌の分類群と密接な関係がある。
GlcNAc：N-アセチルグルコサミン、MurNAc：N-アセチルムラミン酸、Ala：アラニン、Glu：グルタミン酸、A_2pm：ジアミノピメリン酸

母の細胞壁は主に多糖から構成される。多糖を構成する単糖としては、マンノース、グルコース、ガラクトース、ラムノース、フコース、キシロースなどがあるが、単糖の構成比を分類に利用することができる。

微生物細胞には各種の脂質が含有されている。リン脂質、糖脂質、リポアミノ酸、スフィンゴ脂質などの複合脂質、ミコール酸、脂肪酸、キノンなどの単純脂質はいずれも分類に利用されている。特に菌体全脂肪酸、ユビキノン、メナキノンは分類によく利用される。細胞膜や細胞内小器官の脂質二重

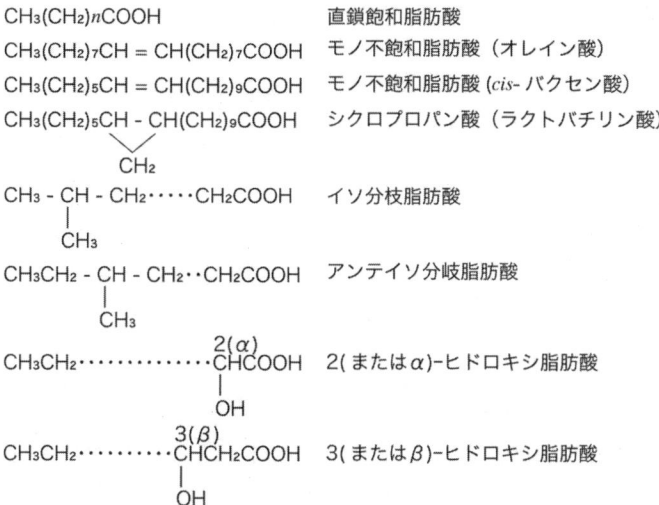

$CH_3(CH_2)_n COOH$	直鎖飽和脂肪酸
$CH_3(CH_2)_7 CH = CH(CH_2)_7 COOH$	モノ不飽和脂肪酸（オレイン酸）
$CH_3(CH_2)_5 CH = CH(CH_2)_9 COOH$	モノ不飽和脂肪酸（cis-バクセン酸）
$CH_3(CH_2)_5 CH - CH(CH_2)_9 COOH$ の間に CH_2	シクロプロパン酸（ラクトバチリン酸）
$CH_3 - CH - CH_2 \cdots CH_2 COOH$ ／ CH_3	イソ分枝脂肪酸
$CH_3 CH_2 - CH - CH_2 \cdots CH_2 COOH$ ／ CH_3	アンテイソ分岐脂肪酸
$CH_3 CH_2 \cdots \overset{2(\alpha)}{CH} COOH$ ／ OH	2（またはα）-ヒドロキシ脂肪酸
$CH_3 CH_2 \cdots \overset{3(\beta)}{CH} CH_2 COOH$ ／ OH	3（またはβ）-ヒドロキシ脂肪酸

図 2-5 微生物細胞に含有される脂肪酸の種類。細胞膜や細胞内小器官の脂質二重膜を構成する脂肪酸は、炭素数、不飽和度、側鎖の数、ヒドロキシル化などが異なり、個々の微生物の全脂肪酸タイプを調べることによって、分類学上の位置を推定できる。

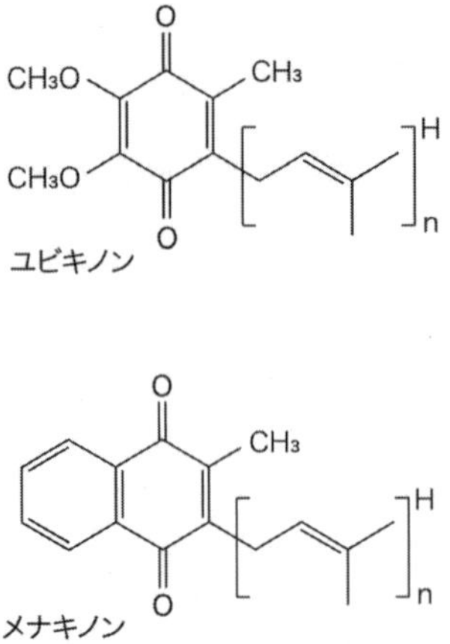

図 2-6 ユビキノンとメナキノン。キノンの種類やその側鎖のイソプレノイドの種類は、細菌分類の重要な指標となっている。

　膜を構成する脂肪酸は、炭素数、不飽和度、側鎖の数、ヒドロキシル化などが異なり多様な構成となっており（図 2-5）、個々の微生物の全脂肪酸タイプを調べることによって、分類学上の位置を明らかにすることができる。また、この方法は、複合微生物試料に適用し、おおよその微生物構成を推定するためにも利用されてきた。呼吸鎖の電子伝達系に関与するキノンも同様に、微生物の分類指標として重要である。特にグラム陽性細菌に含有されるメナキノンは、ナフトキノンの誘導体にイソプレノイド側鎖を持つ化合物であるが（図 2-6）、イソプレノイドの種類に多様性があり、グラム陽性細菌の分類にはなくてはならない指標となっている。また、脂肪酸と同様に、複合微生物系の微生物構成の推定や、類縁度の推定にも利用されている。
　この他、細胞表層の抗原性を認識する免疫抗体を利用する方法、ヘムタンパク質のチトクロムをタイピングする方法などがあるが、近年急速に進展しつつあるのが、核酸を利用した方法である。核酸には、DNA と RNA があるが、DNA を構成する 4 種類の塩基、アデニン（A）とチミン（T）、グアニン（G）とシトシン（C）はそれぞれ対になっていることから、A と T、G と C のそれぞれのモル比は 1 となる（図 2-7）。したがって、A+T と G+C を 100％とし、ゲノム DNA に含まれる G+C の割合を求めることにより、DNA

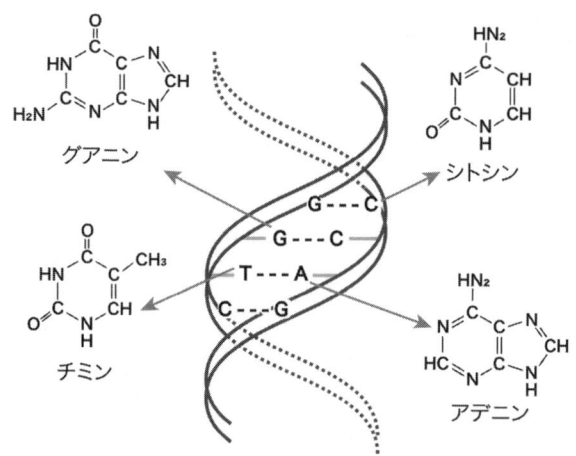

図2-7 核酸（DNA）の構造。DNAを構成する4種類の塩基、アデニン（A）とチミン（T）、グアニン（G）とシトシン（C）はそれぞれ対になっている。DNAの中のGとCの割合は、微生物の分類に利用することができる。

の塩基構成比を表すことができる。このG+C含量（％）は微生物固有のものであることから、微生物の分類に利用することができる。また、G+C含量とともに、抽出DNA同士の塩基配列の相同性を利用したハイブリダイゼーションも分類に利用されてきた。本手法は、特に近縁な生物間の遺伝的類縁の比較に広く利用されている。ハイブリダイゼーションの分類への利用については、第5章で詳しく説明する。

2.4 遺伝子の塩基配列を利用した微生物の分類・同定

上述のように、生理学的な特性や化学分類学的な特性が分類指標として利用されるようになり、形態上大きな差異が見られない微生物群であっても、遺伝学的には極めて多様な生物群を内包することが明らかにされた。微生物の化学分類は有効な方法であるが、欠点として、様々な菌体構成成分の分析が煩雑であり、各種の分析機器と膨大な時間を要するという点があげられる。また、比較的近縁な微生物間の比較、あるいは門や綱といった比較的大きな分類群を簡易的に分類する際に有効な指標であるが、あらゆる階層の分類群

に広く適用することは困難である。したがって、ある分類群の同定には有効であるが、ある分類群には全く適用できないなど、あくまで限定的な指標としてしか利用できないという問題がある。

一方、化学分類手法の1構成技術であった核酸を利用した方法は、G+C含量の測定や、DNA-DNAハイブリダイゼーションといった総合的な比較から、塩基配列情報に基づいた分類手法へと発展した。塩基配列に基づいた分類・同定手法は、塩基配列解析技術、塩基配列情報取扱い技術の進歩とも相まって、今では、分類・同定の中核技術として、というよりもむしろ革命的な技術として受け入れられてきている。形態的な情報、生理的な情報、化学成分に関する情報は、分類に関してはむしろ補助的な情報になりつつあるともいえる。

生物に含有されるDNAにはその遺伝情報のすべてが保存されている。ヒト遺伝子の全塩基配列解析もすでに終了し、30億塩基対の中に約2万2千個の遺伝子が存在していることが明らかにされている。一方、微生物のほうは、これまでに真核・原核生物を含めて500株以上の塩基配列の全長が決定され、現在も原核生物だけで2,000株近くのゲノム解析が進行している（2008年1月時点）。遺伝子の塩基配列解析の結果、様々なことが明らかにされつつあり、生物にとって共通する遺伝子、特定の生物にしか存在しない遺伝子などが次々と明らかにされてきている。遺伝子の中には、環境の変化に伴って変化する速度が見かけ上速い遺伝子やなかなか変化しにくい遺伝子などがある。ヒトで2万種、微生物で数千種ほどの遺伝子の中で、分類に利用可能な何種類かの遺伝子があるが、最も広く利用されているのがリボソームRNA遺伝子の塩基配列である。

リボソームRNA（rRNA）は、あらゆる生物に必要なタンパク質の合成器官であるリボソームに含有されるRNAである。リボソームは図2-8に示すように、饅頭を2つ重ねたような構造をしており、その大きさを超遠心による沈降定数で表すと、細菌では70S（2.7メガダルトン）となり、大きいほうを50Sサブユニット、小さいほうを30Sサブユニットと呼んでいる。大きいほうのサブユニット（LSU：Large Subunit）には23Sと5SのRNAが、小さいほうのサブユニット（SSU：Small Subunit）には16SのRNAが含

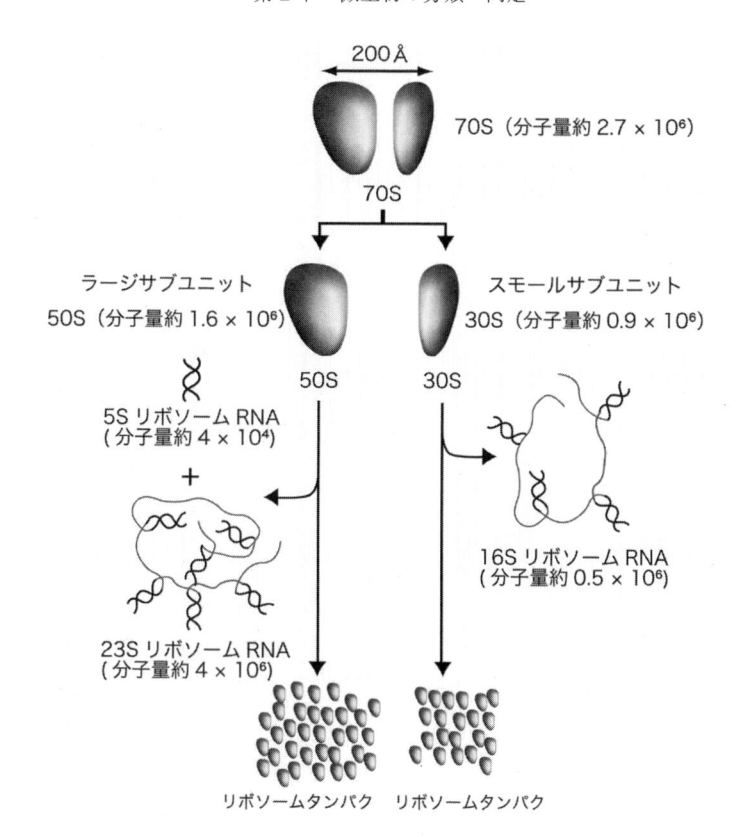

図 2-8 大腸菌リボソームの構造。あらゆる生物に必要なタンパク質の合成器官。その大きさを超遠心による沈降定数で表すと、細菌では 70S（2.7 メガダルトン）となり、大きいほうを 50S サブユニット、小さいほうを 30S サブユニットと呼んでいる。大きいほうのサブユニット（LSU：Large Subunit）には 23S と 5S の RNA が、小さいほうのサブユニット（SSU：Small Subunit）には 16S の RNA が含まれている。

まれている。細菌からヒトを含めた高等動物までその基本的な構造に大きな差はなく、酵母のような真核細胞のリボソームは 55S と 38S のサブユニットから構成され、それぞれ 25S と 8S、18S の RNA を含んでいる。

　リボソーム RNA 遺伝子の塩基配列は、細菌からヒトまでといった気が遠くなるほどの生物進化の歴史の中でも比較的保存性が高く、その基本的な構造が保持されている。しかし、長い進化の中で少しずつ変化してきているこ

とから、塩基配列にも少しずつ違いがある。塩基配列の違いが多ければ多いほど生物進化学的に遠い関係にあり、この違いが少なければ少ないほど生物進化学的に近い関係にある。したがって、この塩基配列の違いを比較することにより、いろいろな生物の進化系統を考察できるし、種の同定に利用する

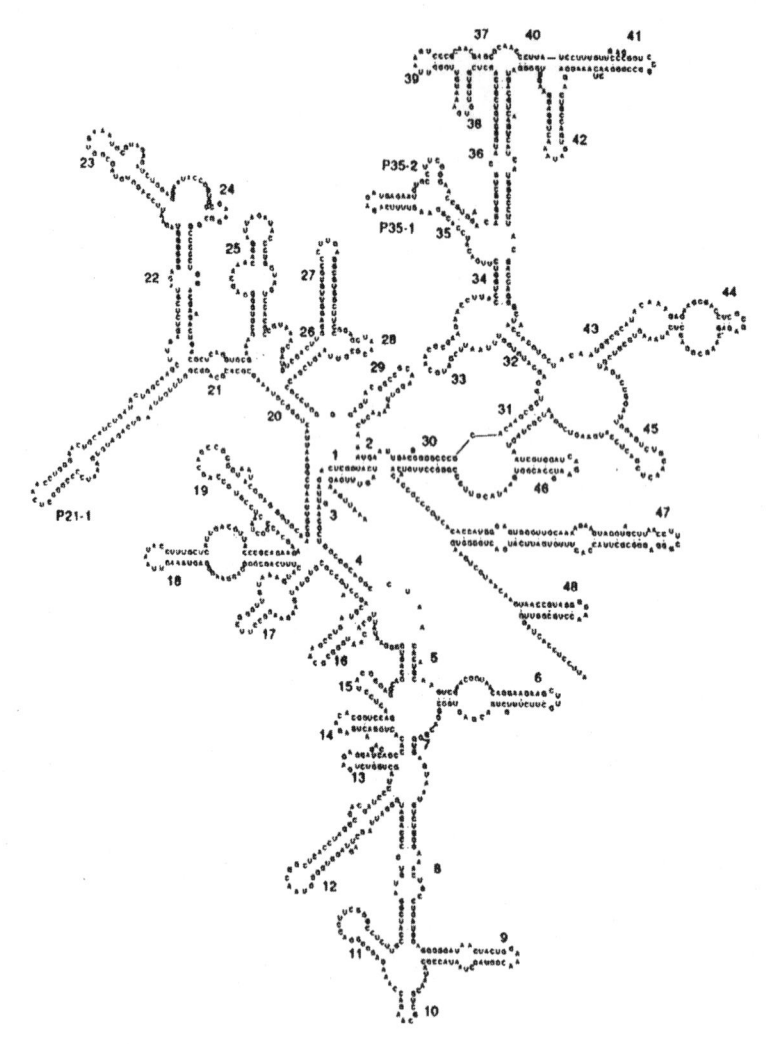

図 2-9 大腸菌の 16S rRNA 塩基配列とその 2 次構造。16S rRNA 遺伝子は約 1,500 塩基から構成されている。

ことができる。このような特定の分子に着目した分類系統の解析を、分子系統解析という。動物や植物の系統解析には、各種の化石と化石が採取された地層の地質年代との比較から、生物の進化をもとにした自然分類を適用することができる。一方微生物については、生理学的特性や機能といった人為分類が中心であったが、生物の進化の歴史が塩基配列の違いとして刻み込まれた、一種の化石的な分子であるリボソームの比較によって、動植物と同じように自然分類が可能となってきたといえる。

図2-9に大腸菌の16S rRNA塩基配列とその2次構造を示す。16S rRNA遺伝子は約1,500塩基から構成されている。細菌からヒトまで含めた各種の生物のSSU rRNA（細菌は16S、酵母やヒトでは18S）の塩基配列を解読し、保存性の高い領域を重ね合わせるようになるべく多くの塩基を比較し、異なる塩基の数をもとに進化的な近縁関係を推定したものを図2-10に示した。SSU rRNA配列を利用した生物の分類手法に基づいて、米国の研究者カール・ウース（Carl Woese）博士は、生物を3つの大きな分類群に分類することを1977年に初めて提唱した。ウース博士の提案以前の生物の分類では、生物は動物界、植物界という大きな2つの界（キングダム）、あるいは原核生物と真核生物の2つに分けられていたが、ウース博士の提案以降、現在では地球上の全生物は、古細菌（アーキア）、細菌（真正細菌：バクテリア）、真核生物（ユーカリア）の3つのドメインに大別され、ドメインの下に界、あるいは門に該当する分類群が置かれるようになった。

顕微鏡で観察するとほとんど同じように見える細菌でも、メタン生成古細菌や高度好熱性古細菌などの古細菌と、大腸菌などの一般的な細菌が、進化系統的には全く異なる生物群に分かれることは生物の進化の観点から興味深い。見た目にはほとんど同じように見えるメタン生成古細菌と大腸菌の遺伝的違いは、ヒトと酵母の違いよりも大きいことになる。このような全生物の比較の中では、ヒトとサルの違いなどは誤差範囲程度の違いでしかない。この点からも、ヒトはあまり大きな顔をして地球上でのさばってはいけないような気がする。

少し脱線してしまったが、このような特定の塩基配列の生物間における比較により、さらに詳細に生物の自然分類、すなわち進化プロセスを考慮した

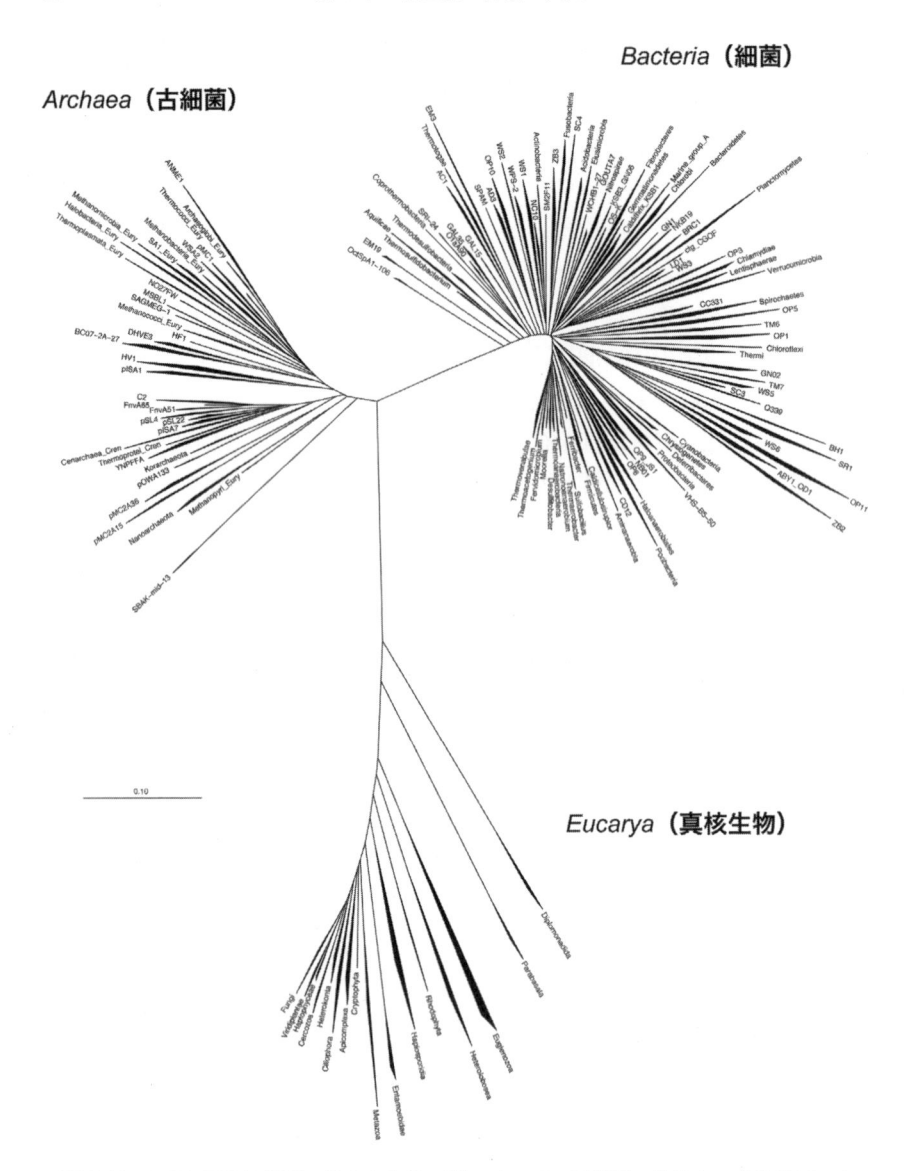

図 2-10 SSU rRNA 配列に基づく生物の門レベルでの系統樹。地球上の全生物は、古細菌（アーキア）、細菌（真正細菌：バクテリア）、真核生物（ユーカリア）の3つのドメインに大別される。門名が記載されているものは実際に分離株が存在するが、記号のものはまだ分離株が取得されていない塩基配列情報のみの門。

分類を進めることができる。例えば、嫌気性排水処理に重要なメタン生成古細菌が属する古細菌ドメインは、次の分類階層である界に当たる分類群として *Euryarchaeota*（ユウリアルケオータ）、*Crenarchaeota*（クレンアルケオータ）、*Nanoarchaeota*（ナノアルケオータ）に伝統的に大別される。一方、細菌ドメインの次の分類階層としては、界に当たる分類群はなく、門として多様な分類群に分岐している。もっとも後述するように、最近は古細菌ドメインにおいても、ドメインの次の分類階層は門レベルとするような整理が進められている。

例えば、細菌の中の一般的なグラム染色陽性細菌は、ゲノム DNA の G＋C 含量の高い細菌群で構成されるグループ *Actinobacteria*（アクチノバクテリア）門と、比較的低い細菌群によって主に構成されるグループ *Firmicutes*（ファーミキューテス）門に大別できる。一方、グラム染色陰性の細菌群は極めて多様な門に分布しており、その代表ともいえる *Proteobacteria*（プロテオバクテリア）門はさらにいくつかの綱に当たる分類群に大別できる。例えば、私達がよく耳にする大腸菌（*Escherichia coli*、エヒェリッヒア・コリ）や緑膿菌（*Pseudomonas aeruginosa*、シュードモナス・アエルギノーサ）はプロテオバクテリアの γ サブグループ（*Gammaproteobacteria* 綱、ガンマプロテオバクテリア）に属している。

生物の分子系統解析には、SSU rRNA およびその遺伝子のみならず、DNA の複製に関与する DNA ジャイレースの β サブユニットや、光合成生物が必ず持っている二酸化炭素固定に関与する酵素、リブロースジリン酸カルボキシラーゼの遺伝子配列なども利用されている。これら塩基配列は、微生物の属や種、またはそれよりさらに近縁の微生物の分類に効果があるが、微生物全体の分類には rRNA およびその遺伝子の塩基配列が最も広く利用されている。

2.5 塩基配列を利用した分類・同定の実際

塩基配列の違いあるいは相同性を、分類・同定に具体的にどのように利用していくかについて、基本的な手法を概説する。塩基配列を利用した分類・

同定は、基本的には配列間の類似性の比較、あるいは塩基配列の各座位における置換パターンの解析によっている。もう少し具体的に説明すると、例えばrRNA配列であれば、初めに比較したい塩基配列同士を配列の類似性をもとに、その2次構造の情報をも含めた多重アライメントによって正しく配列を整列させる。次に、アライメント後の配列を比較し系統関係を推定する。特定遺伝子の塩基配列の比較によって系統関係を推定する手法を分子系統解析手法と呼んでいるが、ここでは以下の代表的な3つの解析手法について概説する。

一般的によく使われるのは距離行列法である。距離行列法では、比較すべき塩基配列データの見かけ上の相違をすべての塩基配列間で比較し、その違いを塩基配列間の進化的な距離、すなわち進化の過程でお互いが分岐してからどの程度実際に塩基置換が発生したかを示す距離に置き換えて、進化距離値によって表された距離行列に変換する（図2-11）。その後、この距離行列に基づいて系統樹を推定するが、その推定法にも様々な種類がある。その代表的なものは斉藤成也博士らが開発した近隣結合法である。距離行列法では、

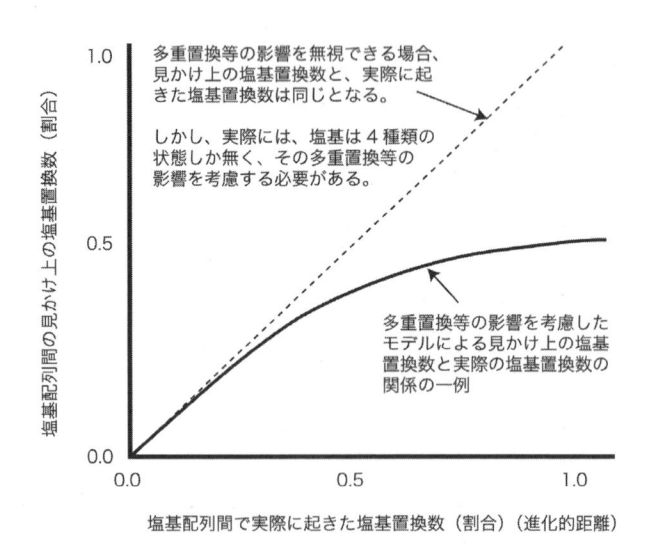

図2-11 塩基配列間の違いを距離行列に変換する場合の概念図。比較すべき塩基配列データの見かけ上の相違をすべての塩基配列間で比較し、その違いを塩基配列間の進化的な距離に置き換えて、距離行列に変換する。

あらかじめ進化距離が数値化されており、近隣結合法ではこの数値を利用する。このため、近隣結合法の最大の利点は、計算量が他の方法に比べ少なくてすみ、系統樹推定に必要な計算時間が短く、効率がよいことである。したがって、他の系統解析方法では計算能力的に不可能なほどの大量の塩基配列セットを扱うことが可能である。16S rRNA遺伝子配列の解析では、ほとんどの場合本法が利用されている。

一方、他の2つの方法である最大節約法と最尤法は、塩基配列データを直接系統樹形の推定に利用する。最大節約法は、系統樹の各分岐点、ノードにおける共通祖先の形質状態、塩基配列の場合には、ATGCで構成される配列の状態を推定し、形質状態の変化の回数が最も小さくなるような系統樹を選択する方法である（図2-12）。最尤法は、ある進化モデルを仮定し、実際の塩基配列データが進化の結果出現する確率（尤度）が最も高くなるような系統樹を選ぶ方法である。どちらの方法も、原理的には考えられるすべての系統関係の組み合わせ、すなわち、考えられるすべての系統樹の形（樹形）を考慮し、それぞれの樹形において塩基配列の各部位での進化的な距離（系統樹上での枝の長さ：樹長とも呼ぶ）、あるいは尤度を推定し、それらを積算する。その結果、最初に仮定した樹形から最も節約的な、あるいは尤度の高い系統樹を選別する方法である。

考えられる樹形の数は、解析に含まれる塩基配列（OTU：Operational

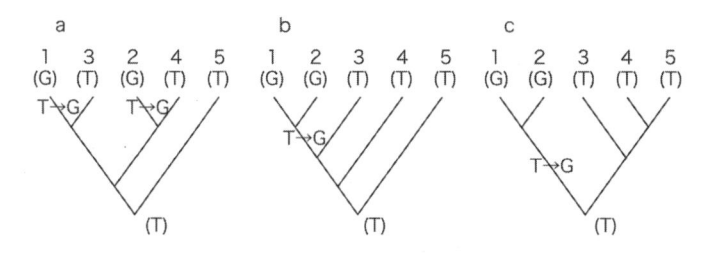

数字はOTUを示す。(G),(T)は形質状態である塩基配列を示し、T→Gは塩基の置換が生じた事を表す。

図2-12 最大節約法。最大節約法は、系統樹の各分岐点、ノードにおける共通祖先の形質状態、塩基配列の場合には、ATGCで構成される配列の状態を推定し、形質状態の変化の回数が最も小さくなるような系統樹を選択する方法である。

Taxonomic Unit、操作的分類単位）の数が多くなるにつれ膨大な数となる。例えば、OTU の数が 10 の場合、考えられる樹形は 200 万とおり以上となる。それだけの樹形に対し、塩基配列の座位（塩基配列の位置のことを座位と呼ぶ）ごとの樹長、あるいは尤度を計算するため、その計算量は膨大となる。したがって、この 2 つの方法、特に最尤法の計算量は、距離行列法とは比較にならないほど多く、それだけ計算時間がかかる方法である。しかしながら、この 2 つの方法は、実際の塩基配列データを直接解析に使用していることから、情報量も多く、特に rRNA 配列のように塩基配列の座位ごとに塩基置換速度が著しく異なる場合には、塩基置換速度の影響を受けにくいとされている。この点で、最大節約法、最尤法は正しい樹形を導く能力が優れているとされている。

　また、進化速度が分類群によって大きく異なる場合は、近隣結合法あるいは最尤法が正しい樹形を導く能力が高いとされている。距離行列法は、距離行列さえ正しく推定されていれば真に近い系統樹を推定するとされているが、最も自由度が高く様々なケースに対応できる方法は、最尤法ということができる。詳細な解析を、時間をかけて行いたいか、短時間である程度正しい樹形を導き出す方法を使うかという選択となる。

　また、これらの解析では、各分岐の確からしさを推定するため、ブートストラップ解析が行われる。ブートストラップ解析では、アライメントされた配列から無作為に座位を抽出し、特定の長さの塩基配列を人為的に再構築した後、その配列をもとに系統樹推定を行う。これらの操作を 100〜1,000 回程度繰り返すことによって、もとの系統樹で示された各分岐クラスター（単系統群）がどの程度の確率で現れるかを推定する。ひとつの枝から派生した配列群すべてを含むグループ、すなわち、ある祖先がもとになってできた子孫すべてを含む分類群を単系統群と呼んでいるが、通常繰り返したブートストラップ解析回数のうち、何度もとの単系統群が出現したかを、ブートストラップ値として％で表す。

　一般的に、16S rRNA 遺伝子配列を利用して、科、属、種レベルの系統関係を明らかにしたい場合は、近隣結合法を利用した距離行列法で十分であろう。ここで推定された分岐クラスターのうち、ブートストラップ値が 90〜

95％以上で支持される分岐クラスターは、解析法の種類にあまり依存せずに単系統群として支持される。したがって、このような高いブートストラップ値をとる場合は、ことさら他の手法を利用して確からしさを解析し直す必要はないと思われる。

　しかしながら、それ以上の分類階層群（門、綱、目など）の単系統性をしっかりと解析したいならば、上記に上げたすべての方法を利用して、かつそれぞれにおいてブートストラップ解析を行い、その系統関係を詳しく検討したほうがよい。その上で、すべての解析において高いブートストラップ値とともに支持される分岐クラスターは、単系統群として確からしいといえる。特に、細菌、あるいは古細菌の門レベルの分岐クラスターを評価する場合、このような多種の解析手法を利用した評価が必要とされる。

2.6　微生物の自然分類、原核生物における種とは何か

　生物の種に関する定義、種の概念は、形態の違いに基づいた形態学的種の概念をはじめ様々なものが提案されてきた。その代表的なものは生物学的な種の概念である。これは、有性生殖生物を対象とした種の概念であり、種とはお互いに交配しうる自然集団で、他の集団からは生殖の面で隔離されていると定義される。しかし、微生物のような無性生殖生物には当然このような種の概念を適用することはできない。

　現在、原核生物では、便宜的にDNA-DNAハイブリダイゼーションで70％以上の値を示す株の集まりを種と定義しており、これが現在の原核生物の種レベルの分類に関する黄金律になっている。これは、核酸が化学分類指標として利用される前に、生理学的諸特性などの表現型に基づいて決められた原核生物の種内では、DNA-DNAハイブリダイゼーションの値がだいたい70％以上を示したためである。しかしながら、この70％という値にさしたる意味はない。したがって、原核生物においては、理論に基づく種の定義が存在せず、あくまで系統関係を示す特定の一群（単系統群）を人為的に切り出したものを種と呼んでいるのが実情である。

　DNA-DNAハイブリダイゼーションは、第5章で説明するように、同じゲ

ノム同士がハイブリダイゼーションする強度を 100％とした場合の、それぞれのゲノム間のハイブリダイゼーション強度を％で表したものである。ゲノムの類似性が 70％という指標を 16S rRNA 遺伝子配列に置き換えると、だいたい 97％程度の類似性に相当すると考えられている。したがって、16S rRNA 遺伝子の類似性が、既知の細菌や古細菌と 97％以下となる配列が得られた場合、その配列を持つ生物は新種である可能性が高いと考えることができる。とはいっても、ある微生物の 16S rRNA 遺伝子の配列が、既知の生物種と 97％以上の類似性を示すからといって、既知の生物種と同種であると断定することはできない。

この辺のグレーゾーンをはっきりさせるためには、生理学的な試験とともに、場合によっては DNA-DNA ハイブリダイゼーションによる検証が必要となる。なお、16S rRNA 遺伝子の配列のタイプに応じた特定の配列群を、ファイロタイプ（phylotype：系統型）と呼ぶことがある。これは、遺伝子配列のタイプによって生物群を分類・同定するための視点を提供する概念であるが、例えば環境試料から 16S rRNA 遺伝子をクローニングしてその塩基配列を解析し、97％以上の類似性でグルーピングできる配列群がある場合、それらをひとつのファイロタイプと見なすことが多い。

しかしながら、ファイロタイプを定義する際の類似性の値は研究者によってまちまちであり、98％、あるいは 99％の値で線引きがなされ、それぞれをファイロタイプと定義する研究者もいる。もちろん、この定義はあくまで 16S rRNA 遺伝子配列のみに依拠した生物群のタイピング手法である。したがって、生物の表現形質からタイプ分けした系統をフェノタイプ（phenotype）、遺伝子型からタイプ分けした系統をジェノタイプ（genotype）と呼んだりする。

上述のように、微生物のいろいろなタイプ分けがあるが、現在は、16S rRNA 遺伝子配列や DNA-DNA ハイブリダイゼーションなどの遺伝学的な指標が第一義的な意味を持っており、その上で、微生物の実態が見えている場合、すなわち対象となる微生物が培養されその性質が調べられる場合には、形態や生理学的な特性などの表現型が分類上参考にされることになる。

2.7 細菌・古細菌の分類体系

　原核生物においては、これまでのフェノタイプがもとになった分類体系が、16S rRNA遺伝子配列に基づく分類指標を核として、現在大規模に再構築されつつある。すなわち、分子情報に基づき、進化上の系統関係を可能な限り反映した、自然分類に近い分類体系を構築するために、現在もその再編作業が進んでいる。その結果、原核生物の属名や種名といった名前が変わることも頻繁に起こっている。微生物の分類に関する百科事典ともいえるバージェイズ・マニュアル（Bergey's Manual of Systematic Bacteriology）や、微生物の分類に関して最も権威のある国際誌、International Journal of Systematic and Evolutionary Microbiologyの最新の分類体系では、古細菌、細菌両ドメインに属する、分離培養された菌株がすでに存在する門レベルの既知系統分類群は、それぞれ2、25門が記載されている（図2-13）。

　ドメイン直下の分類階層については現在再整理が進められている。このような中で、古細菌ドメイン直下の*Euryarchaeota*、*Crenarchaeota*は、これまでは界のレベルに相当すると考えられてきたが、最新の整理では細菌ドメインと同じく門のレベルに統一され、界という分類階層は排除されている。しかしながら、最近のゲノム解析の結果に基づき、様々な遺伝子を利用して古細菌の系統解析を行うと、*Euryarchaeota*門は単系統ではなく、この分類群は自然分類群として妥当ではないという意見も出てきている。すなわち、細菌ドメインの場合は、ドメイン直下の分類群である門は、単系統の分岐クラスターとして矛盾なく整理できるが、この細菌ドメインでの分類基準を古細菌ドメインにも適用すると、*Euryarchaeota*門は広すぎるため、それ以下の綱レベルの古細菌グループを門とすべきとの意見が出されている。

　このような細菌と古細菌での門レベルの分類基準の相違は、古細菌の培養例が細菌と比べ著しく少なく、表現形質も含めた詳しい研究が少なかったためと考えられる。しかし、近年、古細菌に関する情報もかなり蓄積されてきていることから、細菌、古細菌の分類基準の相違は、早晩是正される方向に向かうものと期待される。

第2章 微生物の分類・同定

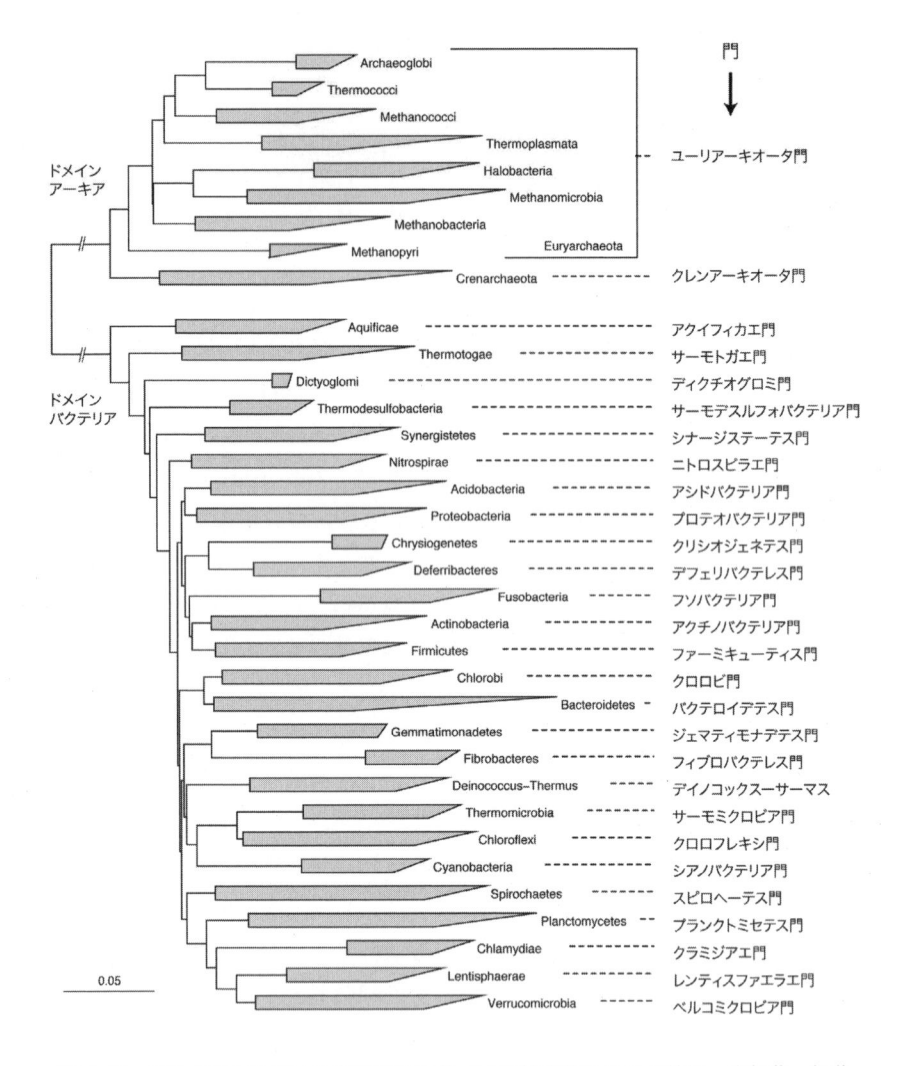

ドメインアーキア
- ユーリアーキオータ門
  - Archaeoglobi
  - Thermococci
  - Methanococci
  - Thermoplasmata
  - Halobacteria
  - Methanomicrobia
  - Methanobacteria
  - Methanopyri
  - Euryarchaeota
- クレンアーキオータ門
  - Crenarchaeota

ドメインバクテリア
- Aquificae — アクイフィカエ門
- Thermotogae — サーモトガエ門
- Dictyoglomi — ディクチオグロミ門
- Thermodesulfobacteria — サーモデスルフォバクテリア門
- Synergistetes — シナージステテス門
- Nitrospirae — ニトロスピラエ門
- Acidobacteria — アシドバクテリア門
- Proteobacteria — プロテオバクテリア門
- Chrysiogenetes — クリシオジェネテス門
- Deferribacteres — デフェリバクテレス門
- Fusobacteria — フソバクテリア門
- Actinobacteria — アクチノバクテリア門
- Firmicutes — ファーミキューティス門
- Chlorobi — クロロビ門
- Bacteroidetes — バクテロイデテス門
- Gemmatimonadetes — ジェマティモナデテス門
- Fibrobacteres — フィブロバクテレス門
- Deinococcus–Thermus — デイノコックス—サーマス
- Thermomicrobia — サーモミクロビア門
- Chloroflexi — クロロフレキシ門
- Cyanobacteria — シアノバクテリア門
- Spirochaetes — スピロヘーテス門
- Planctomycetes — プランクトミセテス門
- Chlamydiae — クラミジアエ門
- Lentisphaerae — レンティスファエラエ門
- Verrucomicrobia — ベルコミクロビア門

0.05

図 2-13 16S rRNA 遺伝子の塩基配列に基づく原核生物の分子系統樹。古細菌、細菌両ドメインに属する、分離培養された菌株がすでに存在する門レベルの既知系統分類群は、それぞれ 2、25 門が記載されている

現時点での最新の分類によると、原核生物では、ドメイン以下、門、綱、目、科、属、種という分類階層が規定されている。ドメイン以下の門あるいは綱といったより上位の分類階層の分類群は、表現形質などは参考にせず純粋に 16S rRNA 遺伝子配列に基づいて分類されているため、分類基準が明確である。ここでは、距離行列法はじめ他の様々な分子系統解析手法により rRNA 配列を解析し、すべての手法で明確に単系統群と認知できるドメイン直下の系統群を門、また門直下の単系統群を綱という形で整理している。このように、明確な基準で整理されているが、配列情報の蓄積スピードには著しいものがあることから、配列情報の蓄積に応じて変更を余儀なくされる場合がある。

例えば、以前はグラム陽性細菌群を門レベルの単系統と考え、低 G＋C グラム陽性細菌群（Low G＋C Gram-positive bacteria）、高 G＋C グラム陽性細菌群（High G＋C Gram-positive bacteria）の 2 つの綱に分類していたが、現在はグラム陽性細菌群（Gram-positive bacteria）が単系統を形成するかどうか疑わしくなり、低 G＋C グラム陽性細菌群を *Firmicutes* 門、高 G＋C グラム陽性細菌群を *Actinobacteria* 門という門レベル分類群として再整理されている。このような再編成は今後も少なからず起こってくると考えられる。

一方、科、属などのより下位の分類階層は、16S rRNA 遺伝子配列による系統関係を反映する形で構築されてはいるものの、原核生物全体を貫く明確な分類の定義は存在しない。例えば、比較的分類が整理されている *Proteobacteria* 門でも、綱あるいはそれ以下の分類群における基本的な整理の考え方が、個々の分類群で大きく異なっている。これは、初期の分類体系が表現形質を中心にして整理されてきたことから、必ずしも 16S rRNA 遺伝子配列による系統関係と整合しない分類群があるためである。しかしながら、今後は 16S rRNA 遺伝子配列を基盤とした分類体系に整理されていくものと考えられる。

第3章

遺伝子取扱い技術の進歩

　SSU rRNA 遺伝子は、1,500 から 1,800 程度の塩基数を持つが、このような遺伝子の塩基配列を解析することは 20 年ほど前では大変な仕事であった。しかし、高速 DNA シーケンサーが開発され、その性能も著しく進歩した。現在では、一度に 380 サンプルを解析できる高速シーケンサーも開発されている。ひとつのサンプルで 1,000 塩基近くの塩基配列を読むことができることから、数時間運転するだけで数十万塩基を読み取ることができる。また、解析によって出てくる膨大な塩基配列情報を処理し、保管するシステム、世界中で相互にデータを交換し利用するシステムが整備され、塩基配列情報はますます利用しやすくなっている。塩基配列解析速度、データ処理速度は、今後も飛躍的に速くなっていくことが予想されている。

3.1　遺伝子組換え技術

　微生物が分裂増殖するときには、新しく増殖した細胞に全遺伝子が複製されるが、遺伝子組換え技術を活用すれば、特定の遺伝子や DNA 鎖のみを微生物を使って効率よく増幅することができる。微生物を使って特定の DNA 鎖を複製・増幅させるためには、プラスミドベクターという特殊な核外遺伝子を利用する方法が一般的に用いられてきた。
　プラスミドベクターは宿主（ホスト）となる微生物、例えば、大腸菌のゲノム DNA とは別に存在し、ホストの増殖とともに増加する性質を持ってい

る。増やしたい DNA があれば、特定の塩基配列を認識して DNA を切断することができる制限酵素を利用して必要な部分だけ切り出し、その DNA をベクターにつないだ上、大腸菌などに形質転換（Transformation：外来遺伝子を微生物に導入し形質を転換すること）してやれば、大腸菌の細胞内で大腸菌細胞と一緒に増やすことができる。大腸菌を増やした後、大腸菌を溶かしプラスミドベクターを取り出し、目的の遺伝子のみを制限酵素を利用して切り出せば、目的の DNA を大量に得ることができる。このような系をホスト-ベクター系（図 3-1）と呼んでおり、ホストとしては大腸菌や枯草菌、あるいは酵母がよく利用されている。特定の遺伝子を取り出し、その遺伝子と同じもの（クローン）を増やす操作をクローニングと呼んでいる。

最近よく耳にするクローニングは、短い遺伝子断片を増やすのではなく、動物の体細胞などからゲノムを取り出し、核を除去した卵子に導入し、生殖過程を抜きにしてもとの動物固体と同じ遺伝子セットを持った動物を作り出すことを指している。このような研究がマスコミを賑わすが、特定遺伝子のクローニング技術は、機能が不明な遺伝子の機能解明や、医薬品中間体、各種酵素の生産などになくてはならない技術となっている。

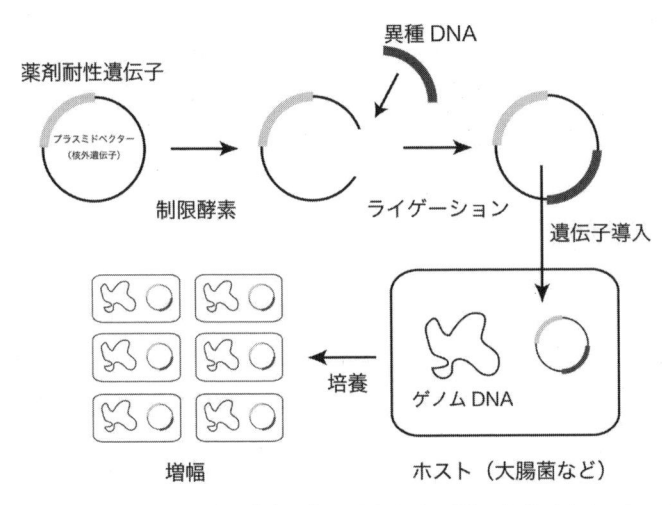

図 3-1　ホスト-ベクター系。増やしたい DNA をプラスミドベクターにつないだ上、大腸菌などのホストに形質転換することにより、大腸菌とともに増やすことができる。

また、後で微生物相解析については詳しく述べるが、複雑な微生物生態系から抽出した全 DNA をもとにして、SSU rRNA 遺伝子を選択的に後述の PCR 法により増幅し、これを個々の微生物由来の SSU rRNA 遺伝子として分別増幅する場合にもこの手法が利用される。

3.2 遺伝子増幅技術

遺伝子増幅技術には様々な方法があるが、初めに、組換え DNA 技術を利用した遺伝子増幅手法について説明したい。前述した組換え DNA 技術は、大腸菌や酵母などのホスト微生物に本来ホストが持っていない遺伝子を導入し、例えばインスリンなどを生産するために利用される。有用物質を生産する場合に限らず、解析すべき特定の遺伝子を特異的に増幅する場合にも頻繁に利用される。ゲノム解析などでは、解析すべきゲノムを物理剪断力などで数キロ塩基（数千塩基）の短い断片にして大腸菌に組換え、大腸菌を培養して挿入遺伝子断片を増幅した後（ショットガンクローニング）、プラスミドを抽出し塩基配列解析を行う場合が多い。

塩基配列解析はランダムにゲノムサイズの 5～10 倍程度、すなわち仮にゲノムサイズが 2 メガ塩基（2,000,000 塩基）程度であれば、組換え体をランダムに抽出し、10～20 メガ塩基分を解析すれば、確率的にほぼ全塩基を解析することができる。数キロ塩基の短い断片の塩基配列、数千配列分の解析も、380 本の独立したキャピラリーを持つ高速塩基配列解析装置（シーケンサー）を利用すれば、1 回の運転（3 時間程度）で 0.4 メガ塩基程度の読み取りが可能となる。したがって、細菌のゲノムであれば、やる気になれば 1 週間程度で全塩基配列を決定することができる。最近では、新しい塩基配列解析原理（パイロシーケンス）を利用した超高速シーケンサーが開発され、ますます解析のスピードが上がってきているが、詳細な説明は後述する。

塩基配列が不明な DNA は、組換え技術を利用しクローニングによって増やすのが一般的であるが、いったん、塩基配列が決定されれば、生きた細菌を利用しなくとも酵素を使って試験管の中で特定 DNA の複製、増幅を行うことができる。図 3-2 に示すように、DNA の 2 本鎖は温度を上げると塩基

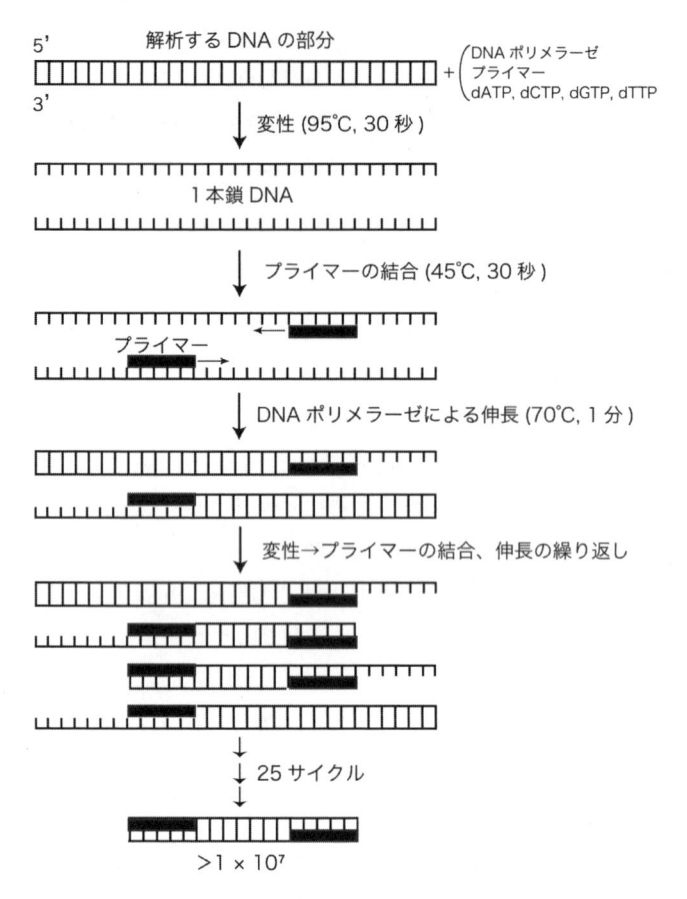

図 3-2 PCR 法による遺伝子の増幅。温度を上げて塩基対がほどけた 1 本鎖の DNA に、相補的な塩基からなる 2 種類のオリゴヌクレオチドプライマーを添加し少し温度を下げると、1 本鎖の DNA にオリゴヌクレオチドが結合した DNA ができる。このような DNA に 4 種類の核酸塩基モノマー、A、T、G、C と DNA 合成酵素である DNA ポリメラーゼを添加すると、プライマー結合部位からもとの DNA 鎖を鋳形とした DNA の伸長反応が起こり、2 種類のプライマー間の DNA が 2 倍に増幅される。増幅された DNA をさらに温度を上げて変性させた後、温度を下げてプライマーを結合させ、伸長反応を進める操作を繰り返すと、1 回の伸長反応ごとに目的とする DNA が倍々ゲームで増加する。

対がほどけ、温度を下げるともとの二重らせんに戻る性質を持っている。塩基対がほどけることを変性（ディネーチャー）、二重らせんに戻ることをアニーリングと呼んでいる。温度を上げて塩基対がほどけた1本鎖のDNAに、相補的な塩基からなる2種類のオリゴヌクレオチドプライマーを添加し少し温度を下げると、1本鎖のDNAにオリゴヌクレオチドが結合したDNAができる。オリゴヌクレオチドプライマーの内、センス鎖に結合するプライマーをフォワードプライマー、アンチセンス鎖に結合するプライマーをリバースプライマーと呼ぶ。

このようなDNAに4種類の核酸塩基モノマー、A、T、G、CとDNA合成酵素であるDNAポリメラーゼを添加すると、プライマー結合部位からもとのDNA鎖を鋳形としたDNAの伸長反応が起こり、2種類のプライマー間のDNAが2倍に増幅される。増幅されたDNAをさらに温度を上げて変性させた後、温度を下げてプライマーを結合させ、伸長反応を進める操作を繰り返すと、1回の伸長反応ごとに目的とするDNAが倍々ゲームで増加する。このようなDNA増幅方法をPCR（Polymerase Chain Reaction）法と呼んでいる。

本手法は、ノーベル化学賞を受賞した米国の研究者キャリー・マリスが1984年に開発した方法であるが、開発当初の段階では、温度を上げ2本鎖DNAをほどくときにDNA伸長反応を触媒するDNAポリメラーゼが失活してしまうため、1回の増幅操作ごとに新しくDNAポリメラーゼを添加しなければならなかった。しかし、超好熱性細菌 *Thermus aquaticus* 由来の熱安定性の高いDNAポリメラーゼ（*Taq* DNAポリメラーゼ）が利用されるようになってから、反応開始時に添加するだけですむようになり、操作性が大幅に改善された。本方法を用いることによって、温度を上げたり下げたりする装置、PCRサーマルサイクラーを利用するだけで、目的とするごく低濃度のDNAを簡単に増幅できるようになったのである。PCR法は、各種の研究分野、医療診断、1塩基多型（SNP：Single Nucleotide Polymorphism）解析などになくてはならない技術になっている。

ところで余談であるが、PCR法は特許になっている。機器に関する特許はアプライドバイオシステム（ABI）社、試薬に関する特許はロシュ社が持っ

ているが、その特許収入は年間数百億円といわれている。

　PCR 法は特許となっているため、PCR 法を利用して事業を行う場合は上述のように特許料を支払う必要がある。このため、PCR 法以外の遺伝子増幅法についても種々検討されてきた経緯がある。以下、これまでに開発された PCR 法以外の遺伝子増幅手法についても簡単に紹介したい。もっとも、わが国における PCR 法の基本特許は平成 18 年 2 月に切れている。

　ICAN（Isothermal and Chimeric primer-initiated Amplification of Nucleic acid）法は、タカラバイオ株式会社で開発された方法である。基本的には、鋳型 DNA に相補的な DNA 鎖を合成していく過程で伸長方向に 2 本鎖領域があってもその鎖を解離しながら相補鎖合成を継続できるポリメラーゼである鎖置換型 DNA ポリメラーゼを利用する。DNA、RNA からなるキメラプライマー、キメラプライマーに由来する DNA/RNA ハイブリッドの RNA 部分に切れ目（切断）を導入するリボヌクレアーゼ（RNase H）を利用した等温 DNA 増幅法である。等温で反応を行うことができるという利点とともに、必要な DNA を多量に必要とする場合には PCR 法よりも優れているといわれている。

　LAMP（Loop-mediated isothermal AMPlification）法は、栄研化学株式会社で開発された方法である。本増幅法も鎖置換型 DNA ポリメラーゼと 4 種類のプライマーを利用し、等温で DNA を増幅する方法である。4 種類のプライマーを利用することから、精度が高い上、等温で反応が進行することから反応時間も短くてすむといった利点がある。しかし、4 種類のプライマーの設計が難しいため、個々の研究者が利用するには難点がある。

　この他にも、NASBA（Nucleic Acid Sequence-Based Amplification）法、TRC（Transcription Reverse transcription Concerted amplification）法、OSNA（direct gene amplification by One Step Nucleic acid Amplification）法など、各種の DNA 増幅法が開発されている。興味のある読者はネットあるいは関連した書籍などを利用して確認していただきたい。

　以上概説したように、各種の遺伝子増幅法が開発されているが、このような増幅手法の開発は、PCR 法の特許との関連で開発されてきた経緯がある。一方、オリジナルである PCR 法はそれ自体極めて洗練された手法であり、

広く普及していることから、PCR法を凌駕するほどの勢いのある新しい方法が現時点であるわけではない。PCR法以外の方法は主に温度を上げ下げしなくとも等温で増幅できる利点などがあるが、特に業務以外の研究で利用する場合はPCR法が圧倒的に普及しており、必ずしも新しい方法が普及しているわけではないのは残念である。しかしながら、このような中でLAMP法は、ウイルスや感染症の検査に一部実用化されている。

3.3 塩基配列解析技術

ギルバートとサンガーによって、2'末端のみならず3'末端も水酸基がないジデオキシヌクレオチドを利用した効率的なDNA塩基配列解読法が1970年代に開発された。これは、4種類の核酸塩基のモノマーとそれぞれの塩基に対応するジデオキシヌクレオチドを少し混合して添加し、DNA合成反応を行うと、ジデオキシヌクレオチドが入ったところでDNA伸長反応が停止してしまう現象を利用している。ジデオキシヌクレオチドは2'の位置のみならず3'の位置のOHもHとなっていることから、この分子が取り込まれた時点で、リン酸エステルによる伸長が停止してしまう。

仮に100塩基から構成されるDNAを鋳型としてグアニンのジデオキシヌクレオチドを少量添加し合成反応を行うと、グアニンの位置に対応したジデオキシヌクレオチドを伸長の終点としたグアニンの数に対応した、長さの異なるDNAが合成されることになる。この増幅DNAを精密な電気泳動装置で泳動すると、グアニンの位置に対応した分子量で、グアニンの数と同じ数の泳動バンドができる。ジデオキシヌクレオチドのリン酸を放射性のリン酸でラベルしておくことにより、泳動バンドをオートラジオグラフィーで検出することができる。バンドの位置（分子量）からDNA中のグアニンの位置を決定することができる。また、同様に他の3種類の塩基のジデオキシヌクレオチドを利用することにより、それぞれの塩基の位置を決定することができる。

開発当時は取り込まれたジデオキシヌクレオチドを検出するために、放射性のリン酸でラベルするしか方法がなかったが、現在では4種類の塩基に対

応したジデオキシヌクレオチドを、それぞれ異なる蛍光波長を持った蛍光色素でラベルしておくことが可能になった。したがって、それぞれの泳動バンドの蛍光波長を計測することによって、4種類の塩基配列を同時に決定することができる。

　電気泳動装置は、ガラス板の間にポリアクリルアミドなどのゲルを充填し、一方の端にプラスの電極（陽極）を、もう一方の端にマイナスの電極（陰極）を取り付け、電流を流す装置が利用されてきた。アニオンは陽極のほうへ、カチオンは陰極のほうへ泳動するが、泳動速度は分子量などによって決定され、分子量に応じた異なる泳動バンドとして分離できる。DNAは通常マイナスに帯電されているため、DNA分子は陽極のある方向に移動していく。各バンドの検出は、4種類の蛍光色素に対応した4種類の高性能レーザーを利用して同時検出することができる。さらに現在は、ガラスマイクロキャピラリーにゲルを充填した方法が開発され、広く利用されるようになってきた。キャピラリーを利用した方法では96サンプルあるいは384サンプルを同時に泳動させることができる。1本のキャピラリーで最低でも500塩基の解析が可能であることから、1回の解析で最大500×384塩基の解析が可能である。

　ガラス板を利用した方法では泳動のたびにゲルを新しく作り直す必要があるが、キャピラリーゲル電気泳動を利用した方法では、一度解析した後にゲルを自動的に再充填できる利点がある。したがって、ガラス板を利用した方法のようにゲルの作り方がうまいとか下手だとかいうことが関係なくなり、誰でもきれいな泳動結果を得ることができる。

　また、研究の段階ではあるが、1mm角のスライド上に480個の極微少な反応場を持つ超高速DNAシーケンサーを利用し、高速かつ安価にゲノム解析を行う方法も開発が進んでいる。この方法では、理論上200万個の反応場を持つ6cm角のスライドを用意し、それぞれの反応場でひとつの塩基配列を決定する。この方法を使うと、1回の運転（4時間程度）で25メガ塩基程度の読みとりを行うことが可能であるという。この方法をゲノム解析に応用すると、*Mycoplasma genitalium*（マイコプラズマ・ゲニタリウム）などの0.6メガ塩基長程度の小さなゲノムサイズを持つ微生物であれば、1回の運転で

第3章 遺伝子取扱い技術の進歩

そのゲノムの96％をほぼカバーするほど高速な解析が可能になるとのことである。本書を書き出したころは上述のようにまだ研究段階であったが、現在はすでに市販機がでてきている。例えば、Roche 社の 454、ABI 社の SOLiD、Illumina 社の Genome Analyzer などが市場に投入されている。

以上のようにシーケンスの速度は急速に上がってきており、どこまで上がっていくのか想像もつかない状況である。米国では、一人ひとりのゲノム解析を通じて個々人の医療に役立てるといった計画もあり、最終的にはヒトの全ゲノム 30 億塩基を、1000 ドルで解析することを目標とした研究開発プロジェクトも進められている。

3.4 塩基配列情報の集積と利用技術

前項で述べたように、塩基配列解析の速度はまさに日進月歩であり、高速シーケンサーの普及とも相まって日々膨大な塩基配列情報が生み出されている。このような膨大な情報を蓄積し、また、相互に比較するためにはバイオインフォマティクス技術の進展と、情報ネットワークの整備が欠かせない。SSU リボソーム RNA 遺伝子に関連した塩基配列情報の蓄積は、現在約 90 万件（2008 年 1 月時点）にも上っており、わが国では三島の国立遺伝学研究所の DDBJ (DNA Data Bank of Japan) がそれらの情報を管理している。同様に米国では NIH に所属する GenBank が、欧州では EMBL (European Molecular Biology Laboratory) が管理しており、世界中の研究者がいつでもアクセスすることができる。

例えば、研究者がある微生物の SSU rRNA 遺伝子の塩基配列を解析した場合、このデータを DDBJ に登録することによりアクセス番号が割り当てられ、GenBank、EMBL と情報がリアルタイムで共有される。したがって、世界中の研究者がこの情報をすぐに利用することができるようになる。また、解析した塩基配列がすでに登録されている塩基配列と一致するか、あるいは異なるとすればどの程度異なるのかといったことは、PC 上で簡単に検索することができる。解析した塩基配列から微生物の分類・同定を試みたい場合には、ウェブ上での多種のサービス（付録参照）や各種の解析ソフトウエア

が利用できる。特にミュンヘン工科大学のプロジェクトで開発された系統解析の総合的なプログラム、ARB は極めて優れたフリーウエアの解析プログラムであり、Linux などを扱えれば誰でも利用できる。

ウェブ上では、現在、目的に応じて様々な各種サービスが展開されており、その内容も非常に充実している。塩基配列の相同性検索であれば、米国 NCBI（National Center for Biotechnology Information）で提供している BLAST など、高速で簡便な検察ツールを活用することができる。同じく NCBI では、Taxonomy Browser というサービスも提供しているが、このサービスでは、生物の分類体系に対応した GenBank 内塩基配列情報などの一覧や検索が可能である。したがって、特定の分類群の配列をまとめて検索したい場合や、特定の分類群に属する生物の名前などを調べたい場合に大変有用である。細菌、古細菌に関しては、NCBI が独自に分類体系を構築している部分も見られるが、ここでの分類体系は、ほぼ最新の Bergey's Manual of Systematic

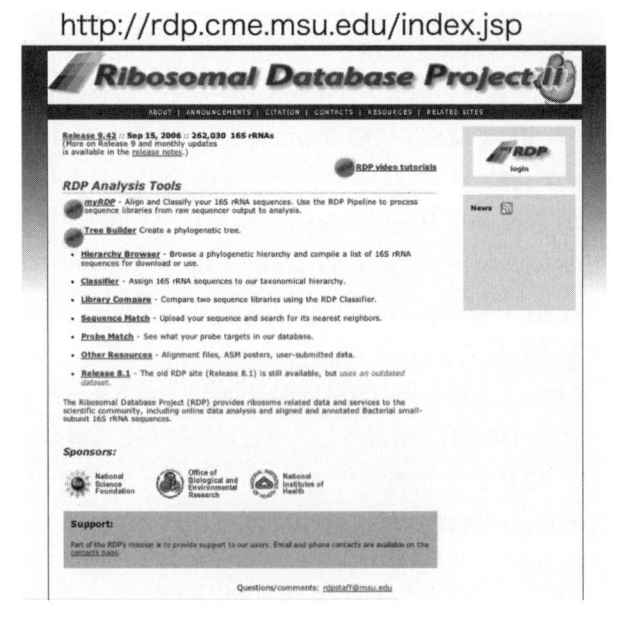

図 3-3　RDP-II（Ribosomal Database Project-II）のネット画像。このデータベースは、16S rRNA 塩基配列に特化したデータベースであり、2008 年 1 月の段階で 47 万件以上が登録されている。

Bacteriology や International Journal of Systematic and Evolutionary Microbiology 誌に準拠している。各分類群に関しては、その分類の根拠となる文献情報も記載されているため、理解もしやすい。

また、16S rRNA 遺伝子に関連したデータベースと、それに付随したウェブ上での解析ツールとしては、米国のミシガン州立大学で運営されている RDP-II (Ribosomal Database Project-II) が有用である (図3-3)。このデータベースは、16S rRNA 塩基配列に特化したデータベースであり、2008年1月の段階で 47 万件以上が登録されている。また、NCBI の Taxonomy Browser とほぼ同等の機能として、Hierarchy Browser という機能が付随している。これは、Taxonomy Browser よりもより扱いやすく、ユーザによって選択できるオプションが多い。例えば、未培養微生物群のみを表示したり、1,200 塩基以上の長さの長い 16S rRNA 配列のみを表示したりする機能などが付いている。また、ウェブ上での操作もよりわかりやすく便利である。さらに、入力した 16S rRNA 塩基配列が、Hierarchy Browser 上の分類群のどの位置に属するかを解析するサービス、Classifier や、rRNA を標的とした蛍光 in situ ハイブリダイゼーション法 (後述) で使用するプローブ配列を入力し、それが検出できる系統群を検索するサービス、Probe Match などが提供されている。

その他では、後述する rRNA のキメラ配列を検出するための解析サービス、RDP-II の CHIMERA_CHECK や、オーストラリア・クイーンズランド大学の Bellerophon server などもよく使われるサービスである。また、ウィーン大学で公開されている ProbeBase には、rRNA を標的としたプローブ情報が現在 1,000 種以上網羅されている。

一方、データベース構築と解析そのものを自前の PC で行う方法も多種存在する。自分の PC に、自分の解析対象に特化したデータベースを構築することは、塩基配列情報を多量に管理、解析するユーザにとっては必須なことである。また、自分の PC で各種の分子系統解析を行うことができれば、ウェブ上で提供されているサービスの自由度を超え、求められる様々な条件下での解析を自由に進めることができる。微生物の 16S rRNA 遺伝子配列などの多量な塩基配列情報を扱う場合、よく使われるプログラムは ARB である。

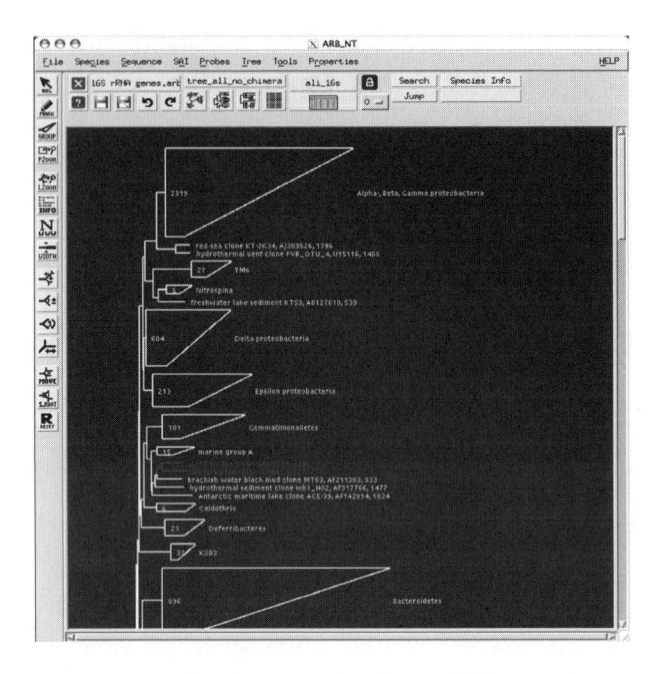

図 3-4 ARB に表示される系統樹

以下 ARB プログラムについて、実際に使う場合を想定して少し詳しく紹介したい。

ARB プログラムは、多数の塩基配列情報を含むデータベースを扱うための優れたユーザインターフェイスを有するプログラムであり、UNIX ベースのシステムで利用することができる。ARB という名前は "arbor"（tree：樹木）というラテン語に由来するとのことだが、その名のとおり、各塩基配列間の系統関係を系統樹（phylogenetic tree）という形で表示、管理することができる（図 3-4）。すでに 16S rRNA 遺伝子に関するいくつかのデータセットがウェブ上で公開されているので、それらを誰でもすぐに利用可能である。そのデータの内容を一覧するだけでもおそらくその有用性がすぐに理解いただけると思うが、このプログラムでできる主なことは、

① 塩基配列データの保管、データベース化、
② 塩基配列の多重アライメント、

③ 塩基配列に基づく系統解析および系統樹の表示、
④ 特定のグループに特徴的な配列の検索、すなわちプローブ・プライマー配列の検索、
⑤ プローブ・プライマー配列の特性の確認、

などである。それぞれの機能も充実しており、他に類を見ないほど使いやすい。

例えば、16S rRNA 遺伝子の多重アライメントでは、rRNA の 2 次構造の情報が表示され、2 次構造の情報を参考にアライメントを修正することができる。塩基配列データには、公共データベースに関する各種情報、例えば、登録者や登録年月日、関連する論文タイトルなど様々な情報が付随しているし、独自に設定した付随情報を加えて保存することもできる。しかも、その情報には系統樹上から簡単にアクセスすることができる。

系統解析を行う場合には、各グループで系統解析上意味のある座位のみを抽出するためのフィルターも簡単に作製することができ、プローブ・プライマーの特異性の確認も、完全に配列が一致するものから 1 塩基置換があるもの、2 塩基置換があるものなど、様々な条件下で検索することができる。しかもその結果は系統樹上でグラフィカルに表示される。自分が解読した 16S rRNA 遺伝子配列の系統学的位置を推定したい場合は、データ読み込み→多重アライメント→すでにある系統樹上への挿入という作業を行えば、1〜2 分程度でその系統学的位置の概要が把握できる。

使えば使うほど、このソフトウエアがフリーで手に入るというのは、少し信じがたいように思われる。MacOS X もしくは Linux を少しだけディープに使いこなすことができる方であれば、どなたでも使えるソフトであり、プログラムの使用法は多機能であるため多少使いこなすまで時間がかかるかもしれないが、慣れてしまうともう微生物分類を行う方は手放すことができないであろう。付録に ARB プログラムのインストール法を公開しているウェブサイトを記載したので、興味がある方は試していただきたい。また、ARB の基本的な機能をウェブ上のサービスとして展開しているウェブサイト (Green Genes、http://greengenes.lbl.gov/cgi-bin/nph-index.cgi) もあるので、興味がある方は参考にしていただきたい。このソフト以外にも、得られ

た塩基配列を所定の相同性の値でグルーピングし、ファイロタイプとして分類するためのソフトウエア（FastGroup など）や、各種分子系統解析プログラム（PAUP*など）など非常に多くの有用なソフトウエアが存在している。

3.5 未培養（未知）微生物に関する情報の集積

現在（2008年1月時点）まで、約80万件以上の SSU rRNA 塩基配列情報が公共 DNA 配列データベースに登録されている。この膨大な情報の内訳を見てみよう（表3-1）。現時点（2008年1月時点）では、SSU rRNA に関連した配列の登録の内、その21％程度、約19万件は真核生物由来である。これは、多種の真核生物のゲノム解析あるいは機能解析が、現在各国で大規模に進められているためであると思われる。残り79％は原核生物由来の遺伝子配列である。この内、細菌由来の登録件数が75％程度（約65万件）、残りのわずか4％（約4万件）が古細菌由来の遺伝子配列の登録である。この内訳から見ても、古細菌の解析数が極端に少ないことがわかる。

表 3-1 SSU rRNA 塩基配列情報の内訳。現在（2008年1月時点）まで、約80万件以上の SSU rRNA 塩基配列情報が公共 DNA 配列データベースに登録されている。

登録年	1990年	2000年	2008年1月
細菌由来16S rRNA遺伝子登録数	5,816	35,720	648,868
内、未培養16S rRNA遺伝子登録数	893	13,088	521,119
古細菌由来16S rRNA遺伝子登録数	257	2,167	35,736
内、未培養16S rRNA遺伝子登録数	37	1,456	33,605
真核生物由来18S rRNA遺伝子登録数	5,259	31,713	187,957
計	11,332	69,600	872,561

この登録数の増加を1993年から現在（2008年1月）に至るまで、時系列的に見ると、図3-5 のようになる。この登録件数は年々増加傾向にあり、2007年は1年間だけで約40万件の登録がなされている。これは現在の総登録数のほぼ2分の1に当たる数であり、この情報の蓄積速度がいかに指数関数的

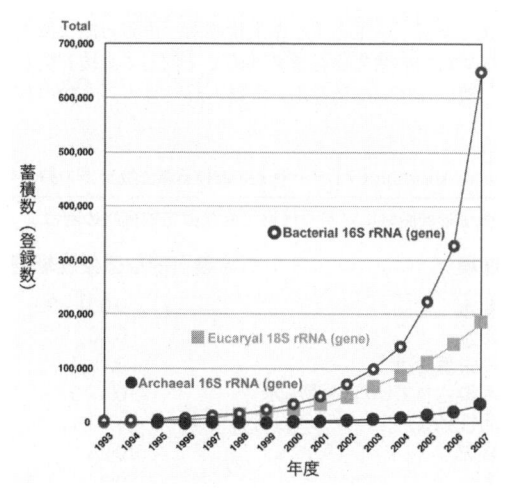

図3-5 SSU rRNA塩基配列情報の蓄積。登録件数は年々増加傾向にある。

に増大しているかが伺われる。ところで、ここで特に強調しておきたいことは、原核生物由来の16S rRNA遺伝子配列の中には、かなりの割合でまだ培養できていない微生物由来の配列が含まれていることである。

　前章でも述べたが、環境中に存在する微生物のかなりの割合、ほとんどといってよいくらいの割合が、人工培地などを用いた実験室環境では培養できない。表3-2に、様々な環境下に生息する微生物の内、培養可能な微生物が占める割合を示した。この数字は、環境試料中の微生物を蛍光試薬で染色して直接計数した細胞数に対する、一般的な寒天培地を用いて得られたコロニー数の割合で表してある。例えば土壌試料では、培養できる微生物の割合は0.3％程度、海洋の微生物では0.001〜0.1％程度であるとされている。したがって、その残りの細胞は簡単には培養できない微生物群、難培養性微生物群あるいは未知微生物群である。もちろん、この培養できない細胞の中には、死滅したものや、増殖能を失ったものも含まれるが、通常の環境でこのような細胞が大きな割合を占めることはあまりないと推定される。

　海洋などの水系環境には原核生物のみならず、原生動物や後生動物などの微少動物も多数生息している。このような微少動物は、一般的に細菌や微細藻類などを補食して生きていることから、細菌などの原核生物は、微少動物

表 3-2 様々な環境下に生息する微生物の内、培養可能な微生物が占める割合。環境試料中の微生物を蛍光試薬で染色して直接計数した細胞数に対する、一般的な寒天培地を用いて得られたコロニー数の割合で表してある。

Great Count Anomaly(プレート培養における微生物計測の顕著なずれ)

全微生物細胞数に対する培養可能な微生物細胞の割合

環境	培養可能な微生物細胞 (%)
海水	0.001 - 0.1
淡水	0.25
中栄養湖水	0.1 - 1
汚染されていない河口水	0.1 - 3
活性汚泥	1 - 15
底泥	0.25
土	0.3

(培養可能な微生物細胞は、コロニー形成数として計測)

Amann et al. Microbiol. Rev. (1995)から引用

により一定の割合で捕食、除去されていることになる。これにもかかわらず、水系環境での原核生物細胞数は一定に保たれていることを考えると、特定環境の原核生物数は、増殖することによって動的に平衡状態を保っていると考えることができる。したがって、自然環境で検出される原核生物を含む微生物は、そのほとんどが生きていると考えるほうが自然である。特に、光や有機物などの微生物が生きるために必要なエネルギーが流入してくる環境では、流入してくるエネルギーに対応して微生物の増殖が維持されていると推定される。この点からも、各種の環境で検出される微生物は原則生きており、その環境では増殖しているものと考えられる。

以上のような推定をもとにすると、地球環境に生息する微生物の 99％以上は、まだ培養できていない微生物群と考えることができる。この直接計数した微生物数と、実際に培養できる微生物数のオーダーレベルでの乖離を "Great Plate Count Anomaly"(プレート培養における微生物計測の顕著なずれ)(表 3-2)と呼び、古くから微生物生態学分野での大きな疑問とされてきた。この培養できていない微生物には、大別して 2 種類のものがあるとさ

第3章 遺伝子取扱い技術の進歩

れている。

　そのひとつは、すでに培養された既知の生物群であるが、単純に使用した人工培地などの環境がその生育にとって不適切であった場合である。これは、例えば、メタン生成古細菌などの絶対嫌気性微生物では、すでに知られた菌株でも、通常の好気的なプレートでは生育しないことからも明らかである。また、サルモネラ属細菌やビブリオ属細菌などでは、特定の条件下に細胞がさらされると培養できない状態になってしまうこともよく知られている。これは、VBNC（Viable But Non-Culturable）状態と呼ばれている。もうひとつの系統は、全く未知・未培養の微生物群である。このような系統の微生物群は、現在まで全く培養されたことがない、あるいは培養できない微生物群である。

　直接計数した微生物数と培養できる微生物数における乖離の原因としては、上述の2つの理由が上げられるが、この内、後者の未培養微生物群の寄与が圧倒的に高くなっていると推定されている。というのも、これまでは、未知・未培養の微生物群の解析は困難を極めたが、分子生物学的手法の進展により、これら微生物群の分子系統解析ができるようになってきたためである。すなわち、環境試料からDNAを抽出し、先に述べたPCR法で環境に存在する全16S rRNA遺伝子を増幅し、それらをクローニングした後、各クローンの塩基配列を決定することにより、環境中に存在する微生物を分子系統学的に同定することができるようになってきた。この方法については後で詳しく述べるが、このような手法を駆使することにより、多様な環境下に生息する微生物の分類学的な位置が次々に明らかにされ、データベース化されつつある。

　環境試料の解析結果は、90年代からデータベースに登録されるようになってきたが、その情報量は最近になって爆発的に増加している。微生物の分離培養によらない、環境から直接取得された細菌の16S rRNA遺伝子配列は、現在全データの7割を占めるに至っている（表3-1）。古細菌では、9割が環境から直接回収された配列であり、培養された古細菌から得られたデータは1割程度でしかない（表3-1）。このような環境から直接取得された16S rRNA配列を、培養された既知の細菌、古細菌の配列と比べてみると、驚くことに、

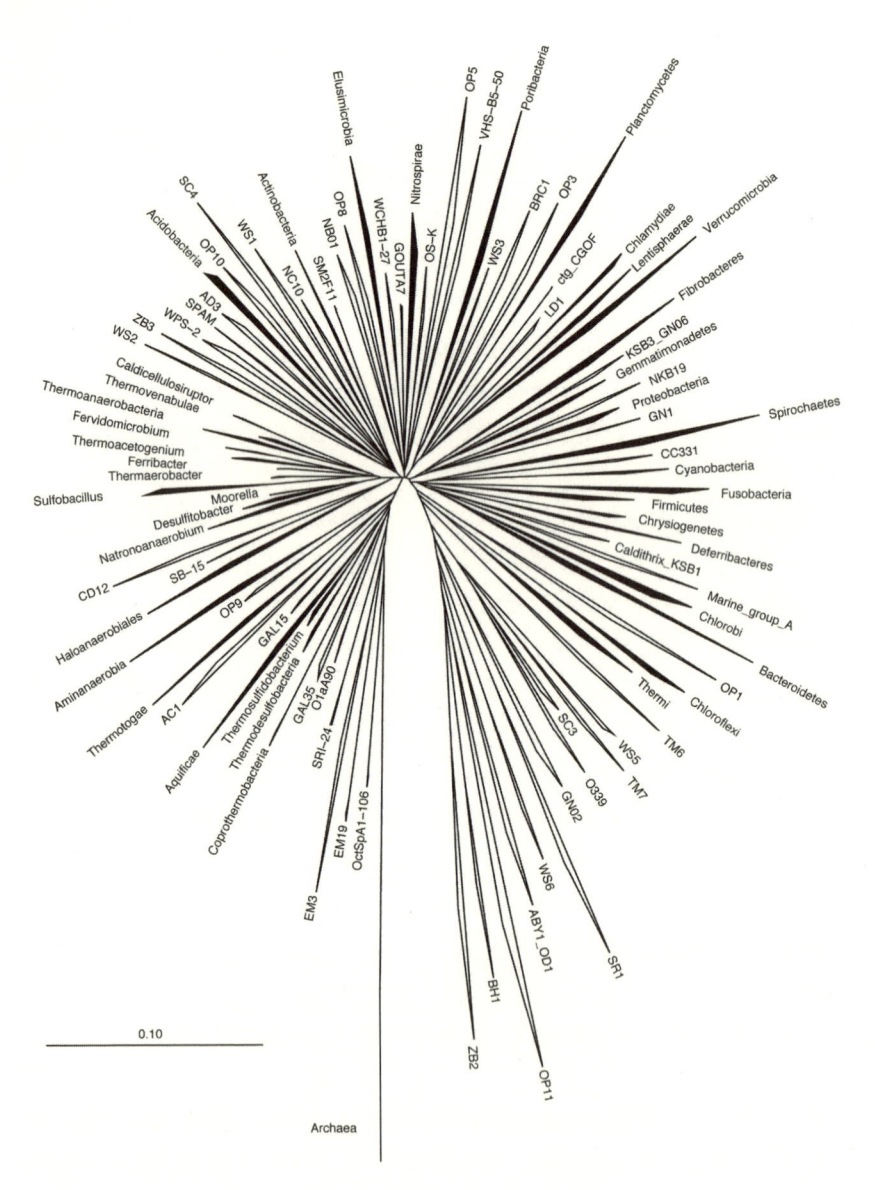

図 3-6　細菌の門レベル系統分類群。細菌ドメインには現在 100 以上の門レベル分類群が存在するといわれているが、ここでは、代表的な 90 程度の門レベルと思われる分類群を示している。

全く異なる分類系統を示す場合が多い。この結果から、圧倒的な割合を占める未培養微生物は、既知の微生物が何らかの要因で培養できなくなっているわけではなく、まさに分類系統的に新規な未知の微生物群であるということになる。図3-6には、環境から直接取得された遺伝子配列も含めた細菌の門レベル系統分類群を示した。細菌ドメインには現在100以上の門レベル分類群が存在するといわれているが、ここでは、代表的な90程度の門レベルと推定される分類群を示している。

前章で述べたとおり、分離培養されている既知細菌で構成される門レベル系統分類群は25門程度であることから、残りの分類群はすべて、環境中から検出された遺伝子配列のみで構成された、いわば実態のない分類系統ということができる。100門以上の細菌門の中で、その70％までがまだ推定上の門（putative phylum）レベルの微生物群であり、その実態は全く明らかにされていないことになる。細菌、あるいは古細菌の門レベルの系統分類群の間の違いは、真核生物に当てはめると、後生動物（原生動物を除くすべての動物）とカビのSSU rRNA遺伝子間の進化的距離に相当するほどの違いになる。これほどの遺伝的距離の違いを持つ生物群が、まだ何十も実体として捉えられていないということになる。門レベルで鳥瞰してもこの程度しかわかっていないことを考えると、それよりも下の分類群である綱以下の分類群では、まだ全く培養できていない微生物群がゴロゴロと存在することは想像に難くない。

では、そのゴロゴロ存在する未培養の微生物群を、微生物学者は手を拱いて放置しているだけなのかというと、そうではない。微生物学者はそれらを実際に培養しようとあの手この手を使って試しているが、その大部分は、やっぱり培養できないのだ。ここまでお読みくださった読者は、現在わずか6,000種程度の細菌および古細菌しか知られていない、この現状の意味をご理解いただけたのではないかと思う。

環境中に生息する微生物は、数が推定できないほど遺伝学的に多様であり、その多様性の実態は16S rRNA遺伝子配列が明確に示している。遺伝子配列の登録は年々増加の一途をたどっており、推定される仮想的分類群も年々増加している。これら多様な微生物は、それぞれが地下数kmの地殻内、

南極、人間では熱くて入れない温泉、広島型原爆の1,000倍の放射線照射下などの極限環境下においても生育するすべを持っており、機能的にも多様であると推定されている。このような多様な微生物が、実は植物の総量に匹敵するほど存在しており、地球上の主要な生物圏を構成しているということになる。しかも、そのほとんどが培養できず、機能もはっきりとはわかっていない未知生物群であるということは、現在の科学が解明した微生物の世界は、まだまだ氷山の一角にすぎないことを物語っている。このような観点からいえば、微生物学にも大いなる未知のフロンティアが広がっている。次章では、このような未知の世界を探検するための最新の技術を紹介したい。

第4章

分子生物学的手法を利用した微生物相解析技術

　前章で述べてきたように、SSU rRNAおよびその遺伝子の塩基配列は、遺伝子配列の情報のみによって、種からドメインまで、幅広く進化系統を推定できる点で、形態的に特徴が多様化していない微生物の系統分類には極めて有用な手法である。一方、塩基配列レベルで極めて多様な微生物を、形態、化学分類学的な指標、あるいは限られた生理学的情報などによって系統的に分類することはほとんど不可能に近い。例えば、生理学的情報に基づく微生物の分類では、それぞれの分類学者が何を重点的に見るか、すなわち何に興味を持っているか、によって分類体系が大きく異なってくる。病原性細菌を例にとると、臨床分野の微生物学者は、病原性という観点を重視して分類体系を構築したいであろうし、微生物の持つエネルギー獲得系に興味がある分類学者は、エネルギー獲得様式を分類における重要な指標と考えるに違いない。この点、特定の遺伝子配列による分子系統学的な微生物分類は、分類者の主観が入る余地は限りなく少なくなる。

　16S rRNA遺伝子の塩基配列を利用して微生物を分類・同定する方法は、現時点において最も客観的な自然分類・同定の手法として位置づけることができる。本方法のもうひとつの重要な点は、繰り返し述べてきたように、培養できない微生物群の解析にも利用できるということである。遺伝子が扱えれば、どのような環境に存在する微生物群であっても、容易にその存在を明らかにすることができる。また、その配列情報を利用して、標的とする微生

物を特異的に検出・視覚化したり、定量したりすることも可能となる。

本章では、rRNA およびその遺伝子を標的とした微生物相解析手法について概説するとともに、それぞれの手法の利点や特徴についてもできる限り詳細に検討を加えたい。なお、個々の微生物群を個別に検出するための方法については第 5 章で述べることにする。

4.1 リボソーム RNA アプローチ

具体的な微生物相解析手法について説明する前に、rRNA が進化系統を推定するための分子指標として、また微生物の実際の分類に広く使用されるに至った意味およびその背景について整理しておきたい。分子系統学とは、分子（ここでは遺伝子）に刻まれた情報をひもとくことによって、その分子間の系統関係を推定し、それによってその分子を持つ生物間の系統関係を推定する学問である。したがって、全微生物、望むべくは全生物の進化系統を特定の遺伝子で推定する上で重要な点は、

① 対象とする遺伝子がすべての生物において普遍的に存在する、
② その遺伝子配列が全生物間の比較に耐えうるほど塩基の置換速度が遅く、生物間でよく配列が保存されている、
③ その遺伝子の生物間での水平伝播が原則ないと考えられる、
④ 配列の長さが十分であり、解析に用いることができる情報量が十分にある、

などの要件を満たす必要がある。以上の 4 つの観点から rRNA を眺めてみると以下のように整理される。

rRNA は、タンパク質合成工場であるリボソームに含有される RNA であり、地球上のすべての生命の維持に必須な分子である。したがって、rRNA はすべての生物が普遍的に持っている。また、rRNA は生命の維持に不可欠な分子であるため、その塩基配列をコードする遺伝子に突然変異が起こるとほとんどの場合は致死的となってしまう。しかしながら、生命 30 億年という長い歴史の中では、たまたま致死までには至らなかった変異が少しずつ蓄積し、現在の生物種に対応した多様な変化を生ずるに至っている。

一方、このような多様な変化を内在しているにもかかわらず、進化の過程で蓄積される塩基置換の速度（進化速度）が遅いという特徴を持っており、生物のすべてで配列を比較するに足るだけの配列の保存性も確保されている。

微生物が持っている遺伝子の中でも、化学物質を分解する酵素をコードする遺伝子などは、微生物間で水平伝播することがよく知られている。親から子へ遺伝子が伝わっていくのを垂直伝播、種を越えてあるいは固体間で遺伝子が伝わっていくことを水平伝播と呼んでいるが、微生物では遺伝子の水平伝播が高頻度で起こっている。このような水平伝播するような遺伝子は種の系統分類には利用できないが、rRNA遺伝子は、極めて希な例を除いて水平伝播しないことが、データベースの蓄積とともに明らかにされてきている。

地球上の多様な生物を系統的に分類するための分子としては、その情報量が十分にあることも重要である。原核生物のrRNAには、50Sリボソームに含まれる23S rRNAと5S rRNA、30Sリボソームに含まれる16S rRNAがあることはすでに述べたが、最もデータベースが充実している、約1,500塩基ベースからなる16S rRNAは、すべての原核生物を横断的に分類するための情報量として十分である。原核生物の16S rRNAに対応する真核生物のrRNAは18S rRNAであるが、塩基配列が少し長くなるだけで相互に比較することに何の問題もない。

16S rRNA分子は、古くは1970年代のカタログ法という、rRNAをRNase T1によって特定の部位で切断した後のrRNA断片を解析する方法に始まり、古くから分類に使用されてきた分子マーカーである。特にrRNAの塩基配列を逆転写酵素とジデオキシ法を組み合わせた方法で直接解読することが可能になり、その利用が広がってきたが、その後より簡便な手法が開発された。すなわち、PCR法によって直接目的配列を増幅し、その塩基配列を解読することが可能になり、さらなる普及が進んだといえる。なお、rRNAそのものではなく、その遺伝子から読み取った配列をよく"rDNA"と表記することがあるが、これはrRNA遺伝子という意味とほぼ同義である。しかしながら、"rDNA"はゲノム中に存在し、分子そのものが単体で存在するわけではないため、最近の主要な科学雑誌では"rDNA"という表記は使用せず、rRNA

遺伝子と直接呼ぶ方向で調整が進められている。

　また、rRNA が分子系統分類によく利用される理由としては、上述の 4 つの理由以外にも、その 2 次構造が生物間でよく保存されており、その構造に基づき容易に多重アライメントを行うことが可能であるという点も上げられる。特に 2 次構造の保存性が高い領域は、塩基配列も全生物間でよく保存されているため、各種の微生物に由来する SSU rRNA 遺伝子をまとめて PCR 増幅するための PCR プライマー、すなわちユニバーサルプライマーの標的領域として利用することが可能である。一方、配列中の変化に富んだ部分は微生物の分類・同定に利用可能である。

　rRNA 塩基配列を微生物の解析に利用する利点は、これだけにとどまらない。rRNA は、細胞内に多量に含まれる分子であり、その存在量は微生物一細胞当たり数千から数万コピーにも及ぶと考えられている。したがって、この分子そのものを標的とした特定微生物の検出、定量も可能となる。このような rRNA およびその遺伝子の利点をフルに活用した、検出、定量、同定、微生物相解析などの手法を総じて rRNA アプローチと呼んでいる。

　rRNA アプローチの概要を図 4-1 に示した。環境試料からは、培養できない微生物でも DNA あるいは RNA を核酸として直接抽出することができる。その試料中にどのような微生物が存在するかを調べたい場合は、16S rRNA 遺伝子をユニバーサルプライマーで PCR 増幅し、その環境中に存在する 16S rRNA 遺伝子をまるごと増幅する。増幅後の PCR 産物には様々な微生物に由来する配列が含まれているため、個々の PCR 産物を分離する操作が必要となるが、この段階では、例えばクローニング法や DGGE 法などが利用される。次に、分離された個々の塩基配列を解読し、既存のデータベースと照合、比較解析を行うことで、どのような微生物がその試料中に存在するかを解析することできる。

　また、解析した塩基配列をもとに、特定の微生物に特異的に結合する蛍光標識 DNA プローブを作製し、FISH 法（蛍光 in situ ハイブリダイゼーション法）などを適用することにより、環境に生息する特定の標的微生物を実際に視覚化し、観察したり、定量したりすることもできる。このように、DNA を抽出、増幅、解析し、これをもとにプローブを作製し、おおもとの試料に適

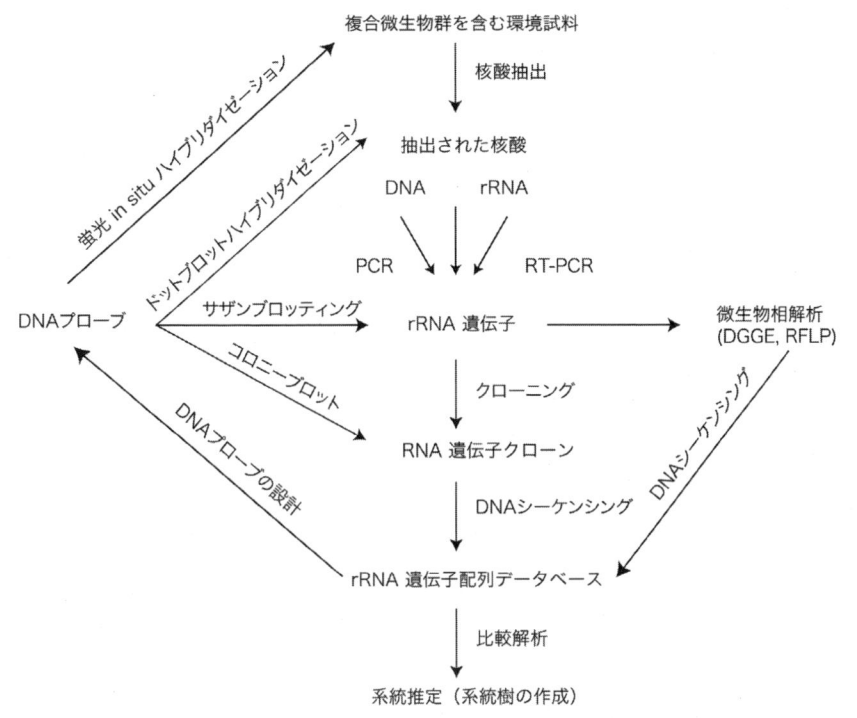

第4章 分子生物学的手法を利用した微生物相解析技術

図4-1 rRNAアプローチの概要。rRNAおよびその遺伝子の利点をフルに活用した、検出、定量、同定、微生物相解析などの手法を総じてrRNAアプローチと呼んでいる。

用し、確認するというプロセスを、フルサイクルrRNAアプローチと呼んだりする。

このようなアプローチは、1991年にAmannらによって初めて試みられている。この研究では、原生動物の核内に内部共生している分離培養できない共生細菌を、分離培養を介さずに分類・同定することに初めて成功している。すなわち、原生動物に共生する細菌のDNAを抽出し、16S rRNA遺伝子を増幅した後クローニングし、次にその塩基配列を解析することにより、共生細菌が*Holospora*属に属することを明らかにしている。この研究ではさらに、16S rRNAを標的とした蛍光標識DNAプローブを作製し、原生動物中の共生細菌を特異的に染色することによって、このような配列を持った共生細菌が、実際に原生動物に共生していることを証明することに成功している。このよ

うな手法は、その後、未培養あるいは難培養性微生物の研究では不可欠なアプローチとなっている。

本章以降から次章にかけて、rRNA アプローチを構成する様々な手法を具体的に解説したい。

4.2 クローンライブラリ法

クローンライブラリ法は、rRNA アプローチの中でも古くから活用されている方法であるが、現在でもその有用性は高く、微生物生態学分野で広く活用されている。クローンライブラリ法は、いろいろな種類の配列が混じったヘテロな PCR 産物を、大腸菌などを利用してクローン化し、個々の配列を別々に解析するための方法である。この章で述べる他の様々な方法も、基本的にはヘテロ DNA 断片をいかに分画するかという点での方法論の違いとして理解できる。したがって、rRNA 遺伝子配列に基づくほとんどの微生物相解析技術は、抽出した全 DNA から rRNA 遺伝子のみをユニバーサル PCR プライマーで PCR 増幅するところから始まる。

例えば、細菌の SSU rRNA 遺伝子を網羅的に増幅する場合には、EUB8f や EUB 338 と UNI1492r といった名前で呼ばれる PCR プライマーの組み合わせがよく利用されるし、古細菌全体を増幅する場合には、ARC9f や ARC109f と UNI1492r の組み合わせなどが使用される（付録 2 参照）。これらの PCR プライマーは、既存データベースに登録されている塩基配列の中からそれぞれのドメインで最も共通する配列を選択しているが、それでも対象とするすべての配列を完全に網羅しているわけではない。すなわち、ユニバーサルプライマーを利用しても増幅されない配列もあることから注意が必要である。

一方、特定のドメインに属する微生物の rRNA 遺伝子をすべて対象にするのではなく、特定の分類群のみを標的として PCR を行う場合もある。このような場合には、標的とするグループに共通で、しかも他のグループとは異なる配列を選び出さなければならないが、先に紹介した ARB プログラムの利用が極めて有効である。

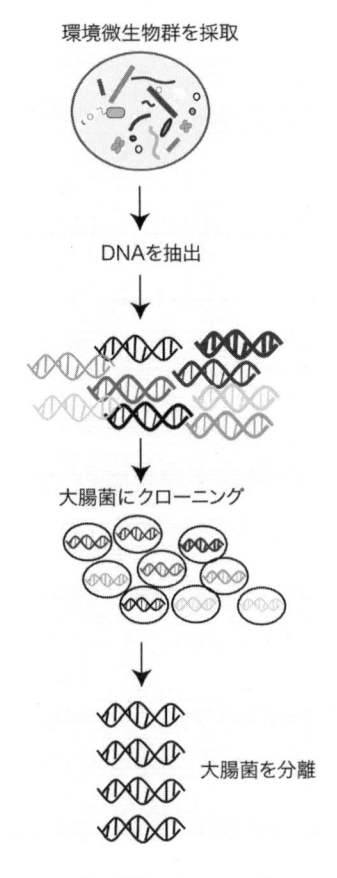

第4章　分子生物学的手法を利用した微生物相解析技術　　**65**

図 4-2　特定遺伝子のクローニング。増幅したヘテロな rRNA 遺伝子配列断片の集合体から、配列一つひとつを組換え大腸菌クローンとして分離することができる。

　クローニング法は、増幅したヘテロな rRNA 遺伝子配列断片の集合体から、配列一つひとつを組換え大腸菌クローンとして分離する方法であるが、その具体的方法を以下に説明する（図 3-1、図 4-2）。まず PCR 産物を精製後、プラスミドベクターに結合させ（ライゲーション）、これを細胞壁に処理を施した大腸菌細胞と混ぜ合わせ、プラスミドベクターを取り込ませる（形質転換）。この大腸菌細胞はコンピテントセルと呼ばれる。プラスミドベクターが細胞内に入るのは確率の問題であるので、全くプラスミドが入っていない大腸菌

細胞、ひとつだけ入っている細胞、複数個入っている細胞が混ざっている状態となるが、配列を一つひとつ解析するためには、ひとつだけプラスミドベクターが入っている細胞のみを選択しなければならない。

このため、使用するプラスミドには、通常アンピシリンやカナマイシンといった抗生物質耐性遺伝子が組み込まれている。抗生物質を添加した寒天培地で上述の形質転換した大腸菌の集団を培養すると、プラスミドベクターが入っていない（形質転換されていない）細胞は抗生物質による阻害で生育できないが、プラスミドが入っている細胞は増殖できるので、プラスミドが入った形質転換された細胞だけを選択することができる。一方、異なる種類のプラスミドが2種類以上入った細胞は、実はメカニズムはよくわかっていないのだが不和合性という現象により複数種のプラスミドを保持できないことがわかっている。

したがって、生育してきたコロニーは基本的にすべて1種類のプラスミドベクターを有する細胞から構成されていることになる。このようなメカニズムを利用し、プラスミドを1種類持っている細胞のみを増殖させ、その大腸菌コロニーを単離することによって1種類のPCR産物を分離（クローン化）することができる。よく考えたものだと感心するほど巧妙な方法だが、この原理によるクローン化は現在様々な分子生物学研究で活用されている。

以上のような操作により、仮に1,000クローンを取得すれば、原理的にはもとの環境中に存在していた微生物由来の16S rRNA遺伝子断片をランダムに1,000個取得したことと同じ意味を持つことになる。サンプリングが正しく行われ、DNAの抽出が完璧であれば、1,000個のクローン集団（クローンライブラリ）の遺伝子配列の分布は、もとの環境中の微生物群集の個々の微生物の分布を反映したものになると考えられる。

通常の作業では、所定の数、例えば100クローン程度をランダムにクローニングし、各クローンのPCR産物由来の塩基配列部位を自動DNAシーケンサーで解析する。解析した配列は、ファイロタイプとして分類する。ここで何％の相同性があるクローン同士を同じファイロタイプとして分類するかは、現在のところ研究者によってまちまちであるが、97～100％程度の塩基配列上での相同性が見られたクローンを、同一のファイロタイプとして分類

第4章　分子生物学的手法を利用した微生物相解析技術

してしまう場合が多い。こうしてグループ化されたファイロタイプを、BLAST検索により相同性を解析したり、ARBプログラムなどを利用して分子系統解析を行ったりすることによって、個々のファイロタイプを分類・同定することができる。100個程度のクローンのランダムサンプリングによって、対象とする試料の微生物構成や多様性をある程度把握することができる。このような解析では、解析するクローン数は多ければ多いほど精度が高くなるが、多くすればするほどそれに比例して労力と時間、費用がかかる。

また、塩基配列を決定する機材がない、あるいはコスト的に難しい場合は、塩基配列そのものを決定するのではなく、RFLP（Restriction Fragment Length Polymorphism）法によるタイピングも可能である。RFLP法は、特定の塩基配列を認識してDNAを切断する制限酵素を用いてDNAを切断し、切断したDNAフラグメントを電気泳動で分離し、何本の切断フラグメントがどの泳動位置に出てくるかで、DNA塩基配列の違いを比較する方法であ

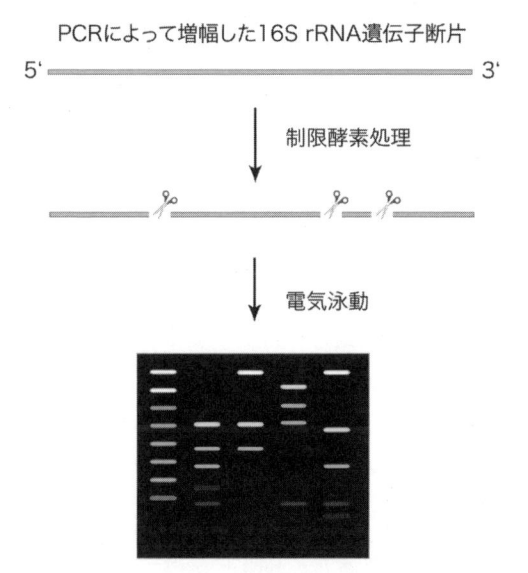

図4-3　RFLP（Restriction Fragment Length Polymorphism）。制限酵素を用いてDNAを切断し、切断したDNAフラグメントを電気泳動で分離し、何本の切断フラグメントがどの泳動位置に出てくるかで、DNA塩基配列の違いを比較することができる。

る（図 4-3）。DNA の塩基配列が異なれば、制限酵素が認識する塩基配列の数や位置に違いが出てくる。制限酵素が認識する配列の数が電気泳動したときのバンドの数に反映し、認識する配列の位置がバンドの長さ、すなわち泳動の位置に反映する。

　この方法は、特定の微生物を分離培養し、それぞれの rRNA 遺伝子を PCR 増幅し、それらの違いを比較するときにも利用することができる。例えば、分離培養した A、B、C、D という細菌が同じか違うかについては、何種類かの制限酵素で切断し、バンドのパターンが同じか違うかで判断できる。近年は高速シーケンサーにより塩基配列を決定することも簡単になってきたが、高価なシーケンサーがなくとも電気泳動装置さえあれば、個々の違いを簡単に比較できるため簡便である。

　なお本法を用いて、培養法をベースとした微生物相の解析を行う場合には、寒天培地上に生育するコロニーを任意に数種から数十種選択し、それぞれのコロニーから抽出・増幅した rRNA 遺伝子の RFLP を比較することにより、微生物相が単純か複雑かくらいは簡単に判別できる。同じバンドパターンが多く出てくるときには、微生物相は単純であるし、異なるバンドパターンが多いときには微生物相は複雑であるといえる。また、経時的に試料を採取し同様な操作を行うことにより、バンドパターンの変化から微生物相の時間的な変遷を追うこともできる。

　同定されている微生物の RFLP パターンがすでに得られている場合には、そのバンドパターンと比較することによって、分類・同定することもできる。この場合、1 種類の制限酵素では、異なる微生物であるにもかかわらず、たまたま同一のバンドパターンが得られる場合もあることから、複数の制限酵素を使用して比較することにより、より正確な分類・同定が可能になる。しかし、後述する DGGE 法などが開発されたこと、また塩基配列の決定が低価格化、ルーチン化されたことにより、最近は微生物相解析に RFLP 法が利用されることは少なくなってきた。RFLP 法は、微生物の分類・同定に利用されるよりも、ゲノムの繰り返し配列をターゲットとした個人の特定や、家畜の親子鑑定などに利用されている。また後で述べるが、特定疾病遺伝子の検出などに用いられる SNP（一塩基多型）の解析にも利用されている。

第 4 章　分子生物学的手法を利用した微生物相解析技術

4.3　DGGE・TGGE・SSCP 法

　複合微生物系から抽出した DNA をもとにして、ユニバーサル PCR プライマーを用いて SSU rRNA 遺伝子を増幅すると、系内に生息している各種の微生物由来の SSU rRNA 遺伝子が混合物として増幅されてくる。このような増幅 DNA を個々に分離するためには、上述のクローンライブラリ法の他にも、DGGE（Denaturing Gradient Gel Electrophoresis：変性剤濃度勾配ゲル電気泳動）や TGGE（Temperature Gradient Gel Electrophoresis：温度勾配ゲル電気泳動）が利用される。これらの方法は 2 本鎖の DNA が温度を上げていくと変性（デネーチャー：2 本鎖がほどけて 1 本鎖の DNA となること）する性質を利用した方法である（図 4-4）。

　DNA が変性する温度は塩基数が長いほうが高くなるが、特に塩基の種類に影響されやすく、水素結合鎖を 3 本持っている GC 結合の割合が多くなるほど高くなる。この性質を利用して、PCR プライマーの片側に GC クランプと呼ばれる、GC から構成される配列を付加しておくことにより、増幅 DNA の一端に GC クランプを持つ PCR 増幅産物が得られる。このような増幅産物を電気泳動させるときに、泳動ゲルに温度勾配をつけておくと（TGGE）、

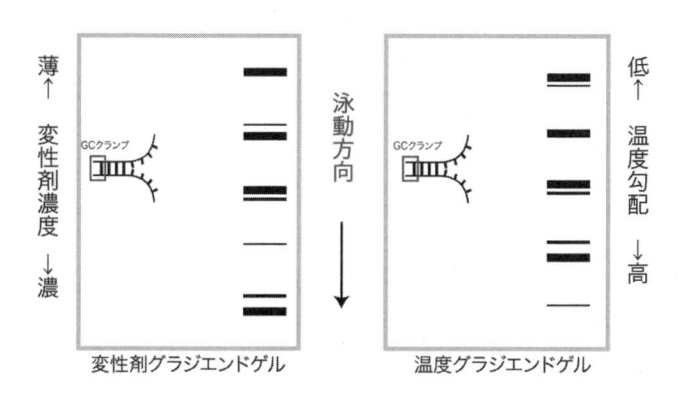

図 4-4　DGGE（Denaturing Gradient Gel Electrophoresis：変性剤濃度勾配ゲル電気泳動）。DNA が変性する温度は、水素結合鎖を 3 本持っている GC 結合の割合が多くなるほど高くなる。この性質を利用して混合 DNA を分離することができる。

変性温度に達したときにGCクランプは2本鎖を保持したまま増幅部位が変性してハサミのように開くことになる。ハサミのように開いてしまうと抵抗が大きくなり泳動スピードが低下するため、増幅部位のGC含量など配列の相違に応じて、個々の微生物由来の増幅産物が泳動バンドとして分離されてくる。TGGEはゲルに温度勾配をつけるが、DGGEでは、ホルムアミドや尿素のように、添加することにより変性温度を低下させる化学物質、変性剤の濃度勾配を泳動ゲルにつけておくことにより、温度勾配をつけたと同じような効果が得られる現象を利用している。

以上のような手法を利用することにより、混合状態の増幅DNAを個別に分離できるため、解析した試料中に何種類の微生物が存在していたのかが推定できる。泳動バンドは核酸染色試薬であるエチジュームブロマイドなどで染色して観察するが、染色の強度はもとの試料の微生物濃度にある程度比例するため、優占種の推定にも利用できる。また、特定の興味のあるバンドを切り出してDNAを抽出し、その塩基配列を決定することもできる。塩基配列を決定することにより、既存のデータとの比較からおよその種の同定も可能である。

本手法は、クローンライブラリ法よりも簡便でしかも低コストであることから、微生物種の多様性の解析や微生物相の経時的変化を追跡する研究に広く利用されている。しかしながら、欠点として、

① 詳しくは第7章で述べるが、ヘテロ2本鎖形成により、同一の配列でも複数のバンドとして検出される場合がある、
② 異なる配列を持つPCR産物がひとつのバンドとして検出されることがある、
③ バンドの配列を解析した場合、近接したバンドからひとつのバンドのみを切り出すことが困難であったり、切り出したバンドからその塩基配列を解析したりすることが常にできるという保証がない、
④ 通常DGGEに使用するPCR産物は300〜500塩基長程度がその上限であり、長い配列を解析することが困難である、

など、クローンライブラリ法と比較して劣る点もある。したがって、どの方法を採用するかは、どのような点に調査の重点があるかで決めるべきである。

第4章 分子生物学的手法を利用した微生物相解析技術

なお、TGGE 法はあまり一般的には使用されておらず、DGGE 法が主流である。

SSCP（Single Strand Conformation Polymorphism）も同じように増幅した多様な SSU rRNA 遺伝子を電気泳動で分離する方法である。PCR 法で増幅した DNA は 2 本鎖であることから、これを熱変性させ急速に冷却することにより 1 本鎖にすることが大きな特徴となる。1 本鎖の DNA は、2 本鎖構造をとらないことから塩基配列に応じた複雑な立体構造を形成する。おそらく 1 塩基が異なるだけでも立体構造には微妙な変化が生ずると考えられることから、電気泳動したときには泳動速度に差が生じ、異なる泳動バンドとしての検出が可能となる。微生物相解析手法としてはあまり一般的には利用されていないが、後述する SNPs 解析のように、多種の塩基配列を分画する方法のひとつとして利用されている。

4.4　T-RFLP 法

微生物相の簡易的な解析手法として、DGGE 法とともに T-RFLP（Terminal-RFLP）法もよく利用されている。本法は、蛍光色素で標識したユニバーサル PCR プライマーを利用して複数の微生物種の SSU rRNA 遺伝子を混合状態で増幅し、制限酵素で切断した後、標識されたそれぞれの断片を電気泳動で分離して観察する手法である。

詳述すると、細菌あるいは古細菌に対するユニバーサル PCR プライマーや、特定の微生物群に対するプライマーを利用して PCR 増幅を行う際に、PCR プライマーの 5' 末端を蛍光色素で標識したものを用いることを特徴とする（図 4-5）。したがって、このような蛍光標識プライマーを用いて PCR 増幅することにより得られた増幅産物は、5' 末端に蛍光色素がラベルされている。これを特定の制限酵素（通常 4 塩基認識酵素）で切断すると配列の違いに応じた位置で切断され、配列に応じた長さの蛍光標識 DNA 断片が得られる。これをキャピラリーDNA シーケンサーなどによって泳動分離することによって、もとの試料に含まれている微生物の種類数や量が推定できることになる。すなわち、蛍光ピークの数から微生物の種類数が、それぞれの蛍

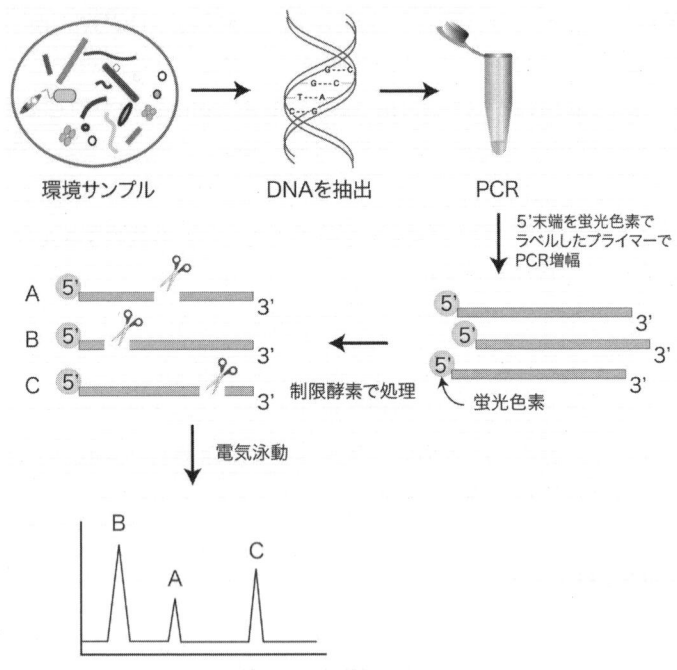

図 4-5 T-RFLP（Terminal-RFLP）法。蛍光色素で標識したユニバーサル PCR プライマーを利用して複数の微生物種の SSU rRNA 遺伝子を混合状態で増幅し、制限酵素で切断した後、標識されたそれぞれの断片を電気泳動で分離して観察する手法。

光ピークの位置（塩基数）から種の特定が、さらに蛍光ピークの高さからおおよその微生物量が推定できる。

　最近は、代表的な制限酵素を用いた場合の、蛍光標識 DNA 断片長と微生物種のデータベースが整備されつつあり、その推定のための支援ウェブサイトも充実しつつある（付録参照）。また、ARB プログラムに組み込むことができる T-RF 断片長推定プラグインも存在する（付録参照）。異なる微生物種で、制限酵素の種類によっては同じ長さの断片が得られる場合もあることから、このような場合には、複数の異なる制限酵素を組み合わせて検討することにより、それぞれの微生物由来の配列を分離することが可能となる。この方法の優れた点としては、

① 微生物群集構造をピークパターンという形で簡便に解析できること、
② 電気泳動によって得られた各ピークの蛍光強度から、各断片、すなわち各微生物種のおよその定量も可能となること、
③ 各断片長から、その由来する微生物種をデータベースにより推定できること、

などが上げられる。一方、

① 各断片の塩基配列を実際に確認することができない、
② PCR産物中の1本鎖DNAなどがそれ自身で2本鎖構造をとり、本来の2本鎖DNAでは切断されない部分が切断されてしまう、あるいは異なる種類のDNA鎖が2本鎖DNAを形成し、本来切断されるべき部位にミスマッチがあることによって切断されなくなってしまうなどの、偽断片（pseudo T-RF：偽T-RF）が生成することがある（後述）、

などの欠点もある。それらの欠点を理解していれば、異なる微生物群集の比較やその時系列変化の解析に使用するには最も簡便な手法であり、現在広く活用されている。

4.5 その他の手法

上記の他にも、微生物相を主にrRNA遺伝子配列によって解析するためのいくつかの方法がある。たとえば、クローンライブラリ法の変法であるリボソーマルシーケンスタグ（SARST：Serial Analysis of Ribosomal Sequence Tag）法がある。この方法では、変異の大きなV1領域の40塩基程度の短いrRNA遺伝子を、ユニバーサルプライマーで増幅し、これをタグをはさんで5〜10程度結合させてからクローニングし、シーケンスする方法である。1回のクローン化操作および塩基配列の解析で、通常のクローンライブラリ法の5〜10倍のクローン数を解析することができる。解読することができるrRNA遺伝子の長さは短くなってしまうが、多様性の高い試料（例えば土壌など）のクローンライブラリ解析では大きな力を発揮する。

また、後述するDNAマイクロアレイ法を利用し、多種の微生物由来rRNA遺伝子をDNAチップ上で網羅的に検出することによって、その微生物相を

推定する方法もある。

その他にも、抽出 DNA そのものを利用する方法として、抽出ゲノム DNA の GC 含量の違いに基づいて超遠心機により質量分画しその分画パターンを見る方法や、抽出 DNA を熱変性させた後、再アニールの速度を評価することによって、その環境 DNA に含まれるゲノム DNA の複雑さを評価する方法などもある。最初の GC 含量による分画は解像度が非常に粗いため、現在ほとんど使用されていない。

一方、2 番目の方法は、種の多様性を評価する際に現在も使われている。この方法では、2 本鎖 DNA を一度熱変性させて 1 本鎖とし、その後温度を下げてアニールさせるが、同じ配列を持つ DNA が多量に存在する場合には、アニールする相補的な DNA 断片が豊富に存在するため、アニーリングが速やかに進行する。ところが、複雑な微生物相から抽出された DNA には多種の DNA 断片が存在するため、相補的な DNA 断片と正しく再アニールする確率が低くなり、その分アニーリングの速度が遅くなる。したがって、その速度からゲノム DNA の多様性を評価することができる。最近本法を利用し、土壌 10g に 100 万種の微生物が存在するだろうという推定もされているが、本当かどうかはよくわからない。

また、混合微生物集団から抽出・増幅した混合 DNA を、これまでに述べてきたような各種の分画手段を利用して解析する手法以外にも、従来の培養法により平板培地上でコロニーを生育させ、それらの SSU rRNA 遺伝子を決定していく方法や、キャピラリー電気泳動で菌体そのものを分画する方法なども検討されている。キャピラリー電気泳動は、内径数十 μm のガラスキャピラリーに電解質を満たし両端に高電圧をかけて様々な物質を分離するのに用いられるが、表面電荷や大きさや形態が異なる微生物細胞の分離にも利用できる。まだ、研究レベルの段階であるが、特定の混合微生物集団の中に混在する特定の微生物、例えば大腸菌 O-157 のようなものを検出する場合、O-157 を特異蛍光抗体などで標識し、これをキャピラリー電気泳動で分離し蛍光を観察することも可能である。

キャピラリー電気泳動の原理は、マイクロ流路を利用した反応検出システム、μ-TAS（Total Analysis System）への応用も進んでいる。これは、ガラ

第4章 分子生物学的手法を利用した微生物相解析技術

ス基盤やプラスチック基盤上に μm 単位の複合流路を形成し、通電を制御することにより測定対象を電気泳動させつつ反応を行うシステムである。μ-TAS を利用することにより DNA の抽出、増幅、検出を、小さなスライドグラス程度のチップ上で実施することも可能になりつつある。もちろん微生物菌体はともに凝集していたり、同じ菌種であっても条件によって形態が異なっていたりするものが多いため、この種の方法にはおのずと限界があると思われるが、このような菌体そのものを分画し、それを直接遺伝学的に同定する技術も今後急速に進歩していくものと期待されている。

4.6 微生物の多様性を統計学的にとらえる

特定の環境に存在する微生物種の多様性ということを考える場合、その視点は2つある。ひとつは「種の豊富さ」：リッチネス（richness）と呼ばれるもので、その環境中に全部で何種類の微生物種が存在するかを測る指標であ

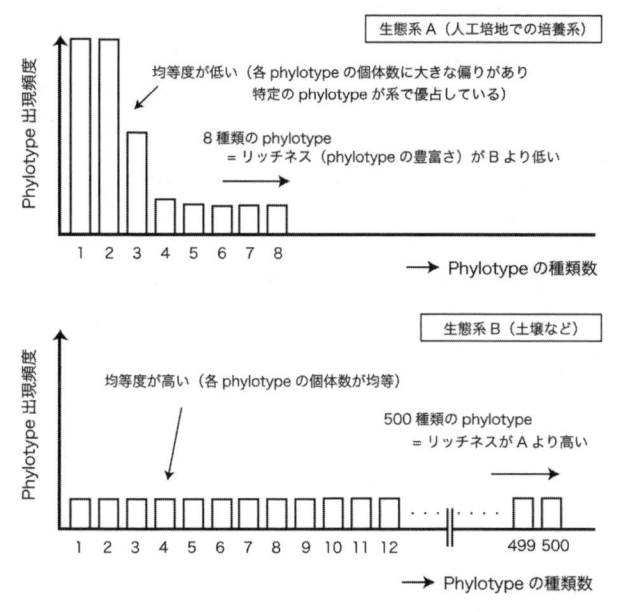

図 4-6 リッチネス（richness）とイーブンネス（evenness）。微生物種の多様性を評価する尺度。種の豊富さ、個体数の均等性から多様性が評価できる。

る。もうひとつは「個体数の均等性」：イーブンネス（evenness）と呼ばれるもので、それぞれの微生物種が環境中に均等に存在するのか、あるいは特定の微生物種が優占して存在し、他はあまり多くないといった視点でその多様性を測る尺度である（図 4-6）。

クローンライブラリ法で得られたクローンの、異なるファイロタイプの数からその多様性を推定する方法にはいくつかあるが、よく利用される方法はrarefaction 解析である。この方法では、解析したクローン数から何種類の異なったファイロタイプが検出されるかをグラフ化し（図 4-7）、どのくらいのファイロタイプ数でカーブが寝てくるかによって、その微生物相のだいたいのリッチネスを推定することができる。もう少し理論的にサンプル内のリッチネスを推定する方法としては、Chao 1 や ACE（Abundance-based Coverage Estimators）などのリッチネス推定指標を計算する場合もある。

Chao 1 などとはその計算の持つ理論的背景が異なるが、同様な指標を用いて海洋、あるいは土壌中の微生物種の数を推定した結果、海洋では 1 ml 当たり 160 種、土壌では 1 g 当たり 6,400〜38,000 種の微生物が存在するという試算もある。これを海洋全体、あるいは土 1 トンに換算すると、海洋では 200 万種、土壌では 400 万種の微生物が存在するという計算になるらしいが、本当のところは誰もわからない。これらの指標により推定される地球上の微生

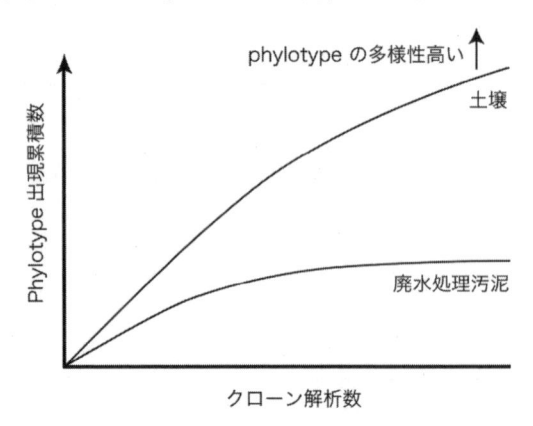

図 4-7 rarefaction 解析。解析したクローン数を横軸に、検出された種類の異なったファイロタイプの数を縦軸に取ることによって、カーブの延長線上から微生物相のだいたいのリッチネスを推定することができる。

物種の数は、使用する指標、それぞれが仮定している理論的背景の違いなどによって非常に大きな差がでてきてしまう。実際にどのような値が妥当であるのかについては、今後の研究の進展を待つしかない。

　また、特定環境の微生物構成の特徴を表す指標以外にも、それぞれ異なる環境の微生物構成の違いを評価する方法も開発されている。クローンライブラリ法を利用した解析においては、例えば、2種の微生物群集の違いを統計学的に評価する方法として、LIBSHUFF法や、F test法などがある。また、DGGE法やT-RFLP法では、そのバンドあるいはピーク位置とその強度により、比較する試料間の違いを推定する方法が複数種類提案されている。上述した様々な方法によって、特定環境の多様性あるいは微生物相の違いを何らかの指標によって表現することが可能である。ただ、ここで注意すべきことは、多様性指数にせよ、微生物群集構造の違いにせよ、それぞれを正しく評価するためには、解析に用いられるデータが解析すべき微生物相を正しく反映していることが前提となっている。したがって、サンプリングの仕方や採取量、DNAの抽出やPCR条件など、そのもととなる解析結果を得るための条件検討が基本的に重要となる。しかし、これは言うは易く、実際は極めて難しい。この問題に関しては、第6章で詳細に解説したい。

第5章

特定の微生物群を定量的に検出するための分子生物学的手法

　特定の微生物（群）を検出するための古典的な方法としては抗体を利用した方法があり、病原性細菌やウイルスの検出・定量に利用されている。一方、近年、DNAやRNAを利用した方法がデータベースの蓄積とともに急速に進んできていることは前章で述べたとおりであり、特定の微生物（群）を検出・定量する方法も基本的には微生物相解析手法と似た手法となる。

　DNAやRNAといった核酸を微生物検出の標的とする場合、すでにデータベースが充実しているrRNA遺伝子もしくはrRNAそのものを標的とする場合が多いが、機能遺伝子などを標的とすることもできる。機能遺伝子を標的とする場合は、病原性微生物であればその病原性に関与する遺伝子群、例えば大腸菌O-157であればベロ毒素生産系の遺伝子群などが、また、アンモニア酸化細菌であればアンモニア酸化酵素などが、それぞれの微生物に特徴的な機能にかかわる遺伝子として利用される。

　rRNAもしくはその遺伝子によって微生物を検出する方法の利点を挙げると、

① 培養できない微生物に対しても適用可能であり、
② 塩基配列を標的とするため、その特異性のコントロールが抗体に比べ容易であり、かつ特異性も一般に高い、
③ 標的とする配列の保存性に応じて、種からドメインにわたる広い分類群を任意に標的とすることができる、

④ 配列情報により検出プローブ情報を管理できるため、データベース化やプローブの作製が容易である、

⑤ データベースが充実している、

などである。

このように、rRNA およびその遺伝子を標的とした手法は、微生物相解析で述べたと同様に、特定微生物の検出・定量においても極めて有用な方法となる。以下、具体的な手法について概説するが、rRNA およびその遺伝子を標的とした手法との比較の意味で、抗体を利用した方法についても導入として概説したい。なお、この章では特に PCR などの増幅作業を行わない手法に関してまとめて紹介し、次章で PCR 法を利用する方法について紹介する。

5.1 抗体を利用した方法

rRNA およびその遺伝子を利用しない微生物検出方法の代表としては、抗体を利用した方法がある。例えば、すでに分離されている微生物に対する特異抗体を作製し、この抗体を利用して検出・定量する方法である。具体的には、ウサギなどの動物に標的とする微生物種を投与し、それに対する抗体を

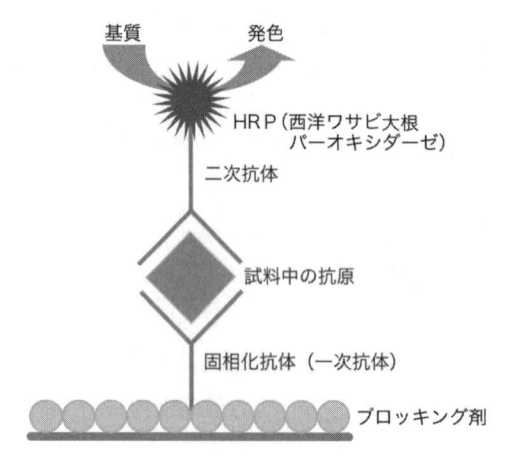

図 5-1　エライザ（ELISA：Enzyme Linked Immuno-Sorbent Assay）法。抗原抗体反応を利用した検出法の 1 種であるが、酵素活性を利用することにより発色シグナルを増強することができる。

誘導する。その後、その抗体をポリクローナル抗体、あるいはモノクローナル抗体として回収し、それを検出用プローブとする方法である。抗体そのもの、あるいはその抗体に結合する2次抗体に蛍光物質を付加すれば、顕微鏡下で標的菌体を検出することが可能である。あるいは、エライザ（ELISA：Enzyme Linked Immuno-Sorbent Assay）法により、酵素活性を利用して発色シグナルを増強し、高感度に検出・定量することも可能である（図5-1）。

　抗体を利用した検出方法は、インフルエンザ・ウイルスなどのウイルス検査に広く利用されている。病院でインフルエンザの確認試験をする場合には、鼻の粘膜に結合しているインフルエンザ・ウイルスを綿棒などで採取し、イムノクロマト・ストリップ法により検出している（図5-2）。A型およびB型インフルエンザ・ウイルスを区別して検出したい場合には、それぞれに特異的な抗体をそれぞれ2種類作製し、それぞれの1種類には金コロイド粒子を結合させ、これを検出用の抗体として利用する。金コロイド標識抗体は試料中のインフルエンザ・ウイルスに結合し、この抗体が結合したウイルスはさらにストリップ上に固定されたもう1種類の抗体に結合する。したがって、ストリップ上の特定の部位に明るい赤色のバンドを形成することになり、こ

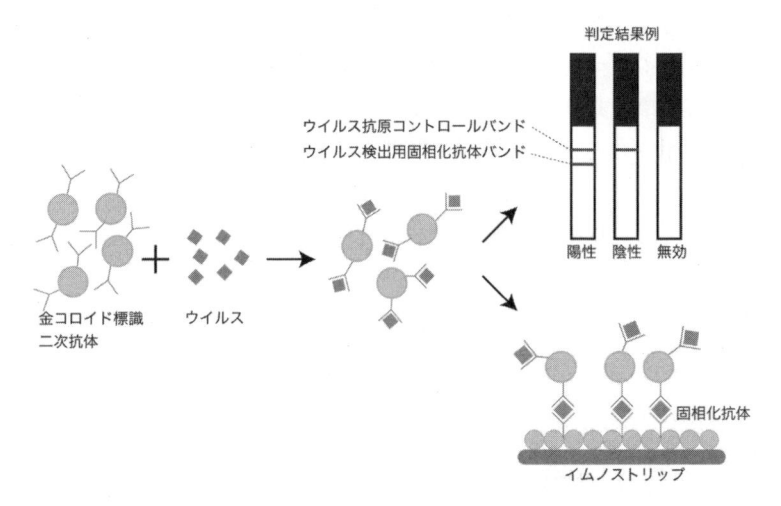

図 5-2　イムノクロマト・ストリップ法。検出する微生物に特異的な金コロイド標識抗体を結合させ、この抗体が結合した微生物をさらにストリップ上に固定されたもう1種類の抗体に結合させることにより、赤色のバンドの有無で検出できる。

のバンドの有無でウイルスの有無を、また、バンドの位置からウイルスの型を判定することができる。

同様なやり方で、胃潰瘍や胃ガンに関係しているとされる *Helicobacter pylori*（ヘリコバクター・ピロリ）菌や大腸菌 O-157 を検出することができ、そのイムノクロマト・ストリップも販売されている。このような手法を利用してウイルスを含む特定の既知微生物を極めて迅速に検出することができる。しかし、本手法は、

① 抗体の作製とその特異性の確認に時間がかかる、
② 抗体の特異性を厳密にコントロールすることができない、
③ 培養できていない微生物に対する抗体を作製することは困難である、
④ 抗体はタンパク質であるため保存における制限が多い、

といった問題もある。このため、最近では、抗体ではなく、ペプチドリガンドを利用した特定微生物の検出技術の開発も進められているが、まだ研究段階である。

5.2 ドットブロットハイブリダイゼーション法

ハイブリダイゼーションは、核酸（DNA、RNA）がハイブリッド（2本鎖）を形成する現象であり、核酸の1次構造、すなわち塩基配列の相同性を調べる方法に利用される。相補的な核酸は塩基対間（A-T、G-C）で水素結合を

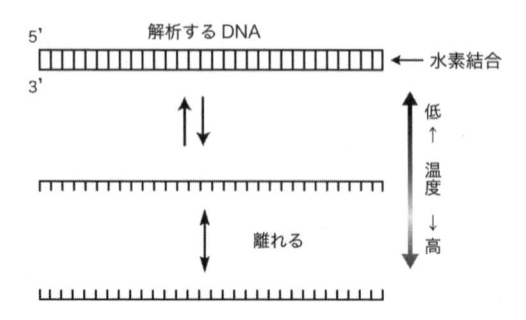

図 5-3 DNA のハイブリダイゼーション。相補的な核酸は塩基対間（A-T、G-C）で水素結合を作り、らせん構造を示す2本鎖核酸を形成する。温度を上昇させると2本鎖はほどけ、温度を下げると再び結合する。

作り、らせん構造を示す2本鎖核酸を形成する。特定の塩基配列に基づいて特定の微生物を検出する方法は、基本的にこのハイブリダイゼーションという現象を利用している（図5-3）。多くの場合、特定の塩基配列に対して相補的に結合するオリゴヌクレオチドを検出用のプローブとして利用し、標的とする塩基配列にハイブリダイズさせることにより、特異的に検出することが基本となっている。プローブと標的塩基配列のハイブリッドを検出するための手法は様々で、その手法に応じた各種の検出、定量法が開発されている。

ドットブロット（あるいはスロットブロット）ハイブリダイゼーション法は、まず1本鎖化した試料由来 DNA や RNA をメンブレンフィルターに吸着させる（この操作をブロッティングという）。次に、放射性同位元素や蛍光色素などでラベルしたプローブをメンブレン上でハイブリダイゼーションさせて、放射線量あるいは蛍光量からプローブの結合を判定する方法である（図5-4）。メンブレンハイブリダイゼーション法と呼ぶこともある。本手法は、測定する DNA もしくは RNA 試料をドット（円）状にブロットするか、スロット（横長の四角形）状にブロットするかで呼び方が異なる。

プローブをラベル化する方法としては、放射性同位元素や蛍光色素以外に、酵素で標識されたオリゴ DNA プローブが利用されることもある。酵素としては、西洋わさびパーオキシダーゼやアルカリフォスファターゼが利用される。これらの酵素で標識しておくことにより、酵素反応を利用した化学発光や化学蛍光現象により結合したプローブの高感度検出が可能になる。

標識オリゴ DNA プローブは、特定の種や属を検出するための極めて選択性の高いものから、科や目などの分類群に対応したもの、門やドメインなど

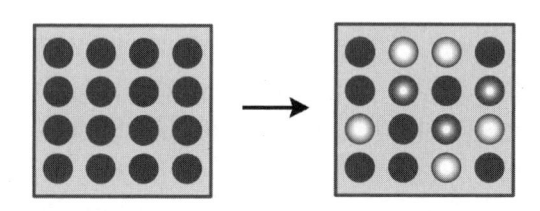

図5-4 ドットブロットハイブリダイゼーション法。特定の塩基配列に対して相補的に結合する検出用のプローブを、標的とする塩基配列にハイブリダイズさせることにより検出できる。

のさらに大きな分類群に対応したものなど各種の用途に対応したものを設計し利用することができる。この点に関してはPCRプライマーの設計と同様に考えることができる。rRNA塩基配列に基づいて、ある微生物が他の微生物と区別できるということは、必ずその微生物しか持っていない塩基配列が存在する。そのような塩基配列に相補的な配列をプローブとして利用することにより、特定の微生物のみを選択的に検出することが可能になる。また、特定の微生物群、例えば*Proteobacteria*門に属する細菌のみが有する共通配列を利用してプローブを合成することにより、このグループに属する細菌を検出することが可能になる。

この手法は、核酸であれば何でも標的にできるが、特にrRNAを標的として利用されることが多い。というのは、rRNA遺伝子は1細胞に1〜数個しかないが、rRNAは1細胞に多コピー（場合によっては数千コピー）で存在することから、抽出したrRNAを直接メンブレン上にブロッティングするだけで十分な量を確保できることが多い。

すでに分離培養されている微生物がある場合には、この微生物が特定環境にどの程度生息しているかを定量するのにも利用できる。この場合には、まず標的となる微生物を培養し、rRNAを抽出し、段階的に所定の濃度に調整した後、薄いものから濃いものまで並べてメンブレン上にブロッティングする。次に試料から抽出したrRNAも同じメンブレン上にブロッティングした後、プローブを結合させる。既知の濃度のrRNAに結合したプローブ量と実際のサンプルから抽出されたrRNAに結合したプローブ量を比較することによって、おおよその定量が可能となる。

最も高感度で定量性がよいとされるのは、放射性同位元素でラベル化したプローブを利用した場合とされているが、最近では化学発光法および化学蛍光法も放射性同位元素を用いた場合に近い感度が出せるようになってきている。化学蛍光法でも、実験条件を整えれば0.1％程度の特定のrRNA分子を検出・定量することが可能である。

ドットブロットハイブリダイゼーション法は、方法論もある程度確立されており、プローブ情報が蓄積されてきていることから、現在のところrRNAを標的とした定量法の標準的な方法となっている。本手法は、微生物濃度が

第5章 特定の微生物群を定量的に検出するための分子生物学的手法　　**85**

高く比較的高純度の RNA を豊富に回収できるような試料、例えば、廃水処理プロセスの汚泥や腸内細菌試料の微生物相解析に有効に利用することができる。一方、微生物以外の各種の有機物や粘土粒子などが多く、高純度の RNA を十分に回収できないような土壌、あるいは微生物濃度がそもそも低い貧栄養環境の試料の解析には向いていない。また、作業に煩雑な操作が必要であること、定量までに 1～2 日程度の時間がかかること、などの欠点も指摘されている。

　なお、DNA を標的としたメンブレンハイブリダイゼーション法を微生物の検出に利用することはほとんどない。これは、rRNA とは異なり DNA の場合は 1 細胞中のコピー数が少ないためである。しかしながら、分離培養された微生物がどのような微生物かを、すでに分類同定されている微生物と比較する場合にはメンブレンを利用した DNA-DNA ハイブリダイゼーション法が広く用いられている。この方法では、分離された微生物に近縁と思われる微生物の全 DNA を抽出しメンブレン上にブロッティングし、これに蛍光色素や放射性同位元素でラベルした分離微生物の全 DNA をハイブリダイズさせ、そのハイブリッドに由来する信号強度から微生物間の遺伝的類縁性を推定する。

　話は微生物の検出からは外れるが、ブロッティングの方法には、この他に 1975 年 Southern 博士によって開発されたサザンブロッティングと呼ばれる方法がある。これは、制限酵素などで切断した DNA のアガロースゲル電気泳動パターンを、そのままフィルター上に写し取る方法である。写し取った DNA にプローブとなる DNA をハイブリダイズさせる方法を、サザンブロットハイブリダイゼーションと呼んでいる。また、ついでに、導入した遺伝子の発現などを確認するためにメッセンジャーRNA などと DNA をハイブリダイズさせる方法があるが、これはノーザンブロットハイブリダイゼーションと呼ばれている。DNA にハイブリダイズさせるサザン（南）に対して、RNA にハイブリダイズさせることから、ノーザン（北）と洒落ている。微生物相解析とは関係ないが、タンパク質の 2 次元泳動パターンをフィルター上に写し取り、抗体などをハイブリダイズさせる方法をウエスタンブロットハイブリダイゼーションと呼んでいる。

5.3 FISH 法

　FISH（Fluorescent In Situ Hybridization：蛍光 in situ ハイブリダイゼーション）法は、各種試料に生息する特定の微生物（群）を、DNA や RNA を抽出することなく直接検出・定量する場合に用いられる。ドットブロットハイブリダイゼーションでは、抽出した DNA や RNA に標識 DNA プローブをハイブリダイズさせるが、FISH 法では、微生物に含有される rRNA を標的として、蛍光標識オリゴ DNA プローブを直接菌体内 rRNA 分子にハイブリダイズさせ、蛍光顕微鏡下でその蛍光を観察する。rRNA 遺伝子は微生物ゲノム中に通常 1〜数コピーしか入っていないが、rRNA はその何千倍も入っているため、1 個の細胞を標的とした場合でも十分な蛍光強度を確保することができる。

　使用する蛍光標識オリゴ DNA プローブは、先に述べたように、種特異的なものから、グループ特異的なものまで如何様にでも設計することができる。ドットブロットハイブリダイゼーションで利用できるプローブは、基本的に FISH 法でも利用可能である。本手法で検出されるのは、蛍光標識された菌体そのものであり、その点が抽出した rRNA を標的としたメンブレンハイブリダイゼーション法と大きく異なる。その名のとおり、in situ（原位置という意味）のまま直接菌体を観察、同定できることから、観察したい微生物の空間的な配置などの情報も得ることができる（図 5-5）。原理的に単純な手法であることから、検出するだけであれば細かな分子生物学的実験に精通していなくても問題ない。

　FISH 法では、蛍光染色した微生物菌体を蛍光顕微鏡や共焦点レーザー顕微鏡で観察することになる。このため、ガラススライドグラス上に微生物菌体を塗布、固定化し、そのスライド上で蛍光標識 DNA プローブとハイブリダイゼーションを行い、結合しないプローブを洗浄してから観察する。観察するための微生物菌体はホルムアルデヒドやエタノールで固定してから用いられる。ハイブリダイゼーションの強弱はプローブ配列の G＋C 含量や温度に影響されるため、ハイブリダイゼーションの温度制御を厳密に行うととも

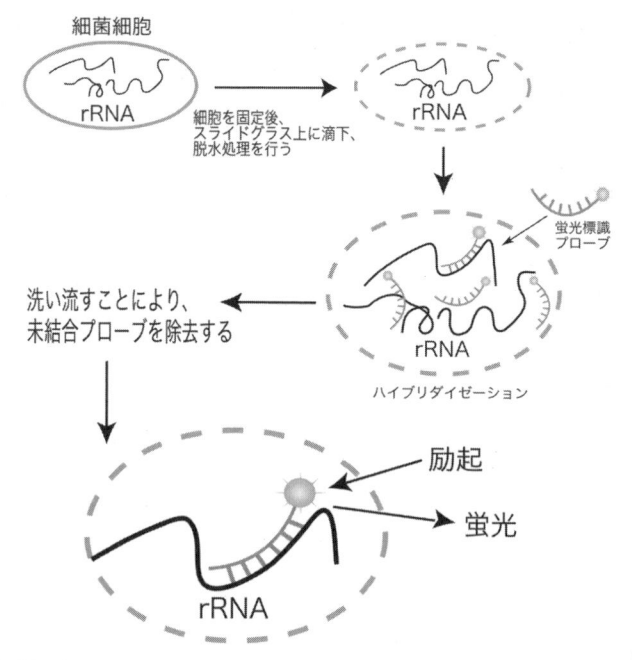

図 5-5 FISH（Fluorescent In Situ Hybridization：蛍光 in situ ハイブリダイゼーション）。微生物に含有される rRNA を標的として、蛍光標識オリゴ DNA プローブを直接菌体内 rRNA 分子にハイブリダイズさせ、蛍光顕微鏡下でその蛍光を観察する。

に、核酸変性剤であるホルムアミドを 0〜40％程度添加することよって最適な条件を検討する。通常、20〜30 塩基程度のオリゴ DNA プローブを用いるが、ホルムアミド濃度を厳密にコントロールすることにより、2 塩基程度の塩基の違い（ミスマッチ）を明確に識別することが可能である。

　この方法では、一般的に 1 塩基のミスマッチしかない配列との厳密な識別は難しいが、すでに 1 塩基ミスマッチを持つ非標的微生物がデータベース上にある場合には、その配列をマスクするためのプローブ、マスキングプローブを利用することにより非標的細胞への結合を防ぐことができる。マスキングプローブは、目的微生物の標的配列と 1 塩基しかミスマッチがない非標的配列に相補的な蛍光ラベル化していないオリゴ DNA プローブである。このプローブを添加しておくことによって、非標的配列をマスキングできるため、

配列が似ている目的微生物以外の微生物に間違って検出用のプローブが結合するのを防ぐことができる。

利用される蛍光色素としては、比較的明るい蛍光を発するCy3などの赤色の蛍光物質を使用することが多い。しかし、どのような波長の蛍光物質でも、人間の目で確認できるか、あるいは顕微鏡に付属したCCDカメラがとらえることができる波長の光を発するものであれば利用することができる。B励起で青色の蛍光を発するFITC（Fluoresceinisothiocyanate）はかつてよく使用されたが、この蛍光色素は光が弱い上、塩基とのFRET現象（Fluorescence Resonance Energy Transfer：蛍光共鳴エネルギー移動）によって蛍光強度が弱まることがあるので注意が必要である。

FISH法では、励起波長と蛍光波長がそれぞれ異なる蛍光色素で標識した複数のプローブを、同時に利用することができるため、同一視野で複数の微生物（群）を区別して観察することもできる。また、複数の蛍光波長の異なるプローブをうまく組み合わせて用いると、蛍光色素の数以上の微生物（群）を同時に観察することもできる。これは、3種類の色素（例えば赤、緑、青）を利用した場合、組み合わせでは7つの異なる組み合わせが可能となる。そこで、Aという微生物のプローブは赤、緑、青の3種類の色素でそれぞれラベルしておき、Bは赤と緑、Cは赤と青、Dは緑と青、Eは赤のみ、Fは緑のみ、Gは青のみでラベルするようにしておけば、3種類の色素で7種類の微生物を識別することが可能になる。すなわち、Aという微生物は白、Bは黄色、Cは紫、Dは深緑、Eは赤、Fは緑、Gは青として観察されることになる。最近は顕微鏡観察像の画像処理技術が進んできたために、わずかな色の違いを区別してそれぞれを計数することができる。このような手法をマルチカラーFISHと呼んでいる。

FISH法は、特定の微生物（群）の検出に利用される場合が多いが、定量にも利用できる。例えば、FISH処理後の試料を、プローブの蛍光波長と区別できるDAPI（4',6-diamidino-2-phenylindole）などの核酸染色剤を利用して全菌体の染色を行うことにより、DAPIで染色された全菌体数とプローブによって染色されている標的菌体数の比率から、目的微生物の相対的菌体量を求めることができる。より厳密な計測を行いたい場合は、フィルター上

に吸引ろ過した菌体に対してFISH法を行ったり、フローサイトメトリーを利用し、全菌体数とプローブで標識された菌体数を自動で計測したりすることも可能である。フローサイトメトリーを利用すれば迅速な計測が可能であるが、顕微鏡下で目視により菌体数を数えるのは大変手間のかかる作業であり、決して楽な操作ではない。このための画像解析ソフトも公表されているが、多くの場合微生物同士が凝集していたり、試料に由来する微生物菌体以外の固形物が蛍光を発していたりするため、誤差が大きくなってしまう場合が多い。また、長く連なった糸状性の細胞をどのように計測するのかという問題もある。

　FISH法におけるこのような問題は、基本的にフローサイトメトリーを利用しても発生する問題である。特に問題となるのは、底泥や土壌などのように粘土粒子が含まれる試料では、粘土粒子が自家蛍光を発するため、蛍光でラベルされた微生物細胞との区別が困難になることである。したがって、本手法は夾雑物が少ない水系の試料に向いている。その他にも、

① 休眠状態にある、あるいは生理活性が低下した細胞などrRNA含量が低いものは、弱い蛍光しか発しないか、全く蛍光を発しない、

② 一部のグラム陽性細菌や、細胞壁にシュードムレイン層を有する古細菌、例えば *Methanobrevibacter*（メタノブレビバクター）などは、細胞壁が強固であるためプローブが細胞内に浸透せず、標的細胞であったとしても蛍光を発しないことがある、

③ プローブの配列が標的部位に完全に相補的であったとしても、rRNA自身が強固な立体構造を形成するため、立体構造上の問題でプローブそのものが標的配列部位に結合できない場合がある、

などの問題もある。

　①のように、rRNA含量が低い細胞に直接FISH法が適用できないという問題は、海洋や土壌などの貧栄養環境下に生息する微生物全般に当てはまる現象であり、FISH法の最も大きな問題のひとつとなっている。したがって、貧栄養状態の微生物をFISH法で検出するため、いろいろな工夫がなされている。例えば、酵素によって細胞内で蛍光シグナルを増幅する方法であるCARD（CAtalyzed Reporter Deposition）-FISH法（後述：第8章）、細胞分

裂を抑制した状態で短時間の培養を行い、微生物を活性化させた後 FISH 法を適用する DVC (Direct Viable Count)-FISH 法などもある。これらの方法は、プローブからの蛍光を増幅する方法、あるいは rRNA そのものを培養によって増幅する方法であり、貧栄養状態の試料には有効である。

②のように、細胞壁が強固であるためプローブが細胞内に浸透しない問題はいくつかの試料で報告されている。このような場合、ハイブリダイゼーション時の緩衝液に界面活性剤である SDS などを高濃度で添加したり、リゾチームなどで軽い処理をし細胞壁を弱めたり、あるいは固定後の試料に対して凍結融解処理などの物理的処理を施したりすることで、解消できる場合がある。

また、③のように、立体構造上の問題でプローブそのものが標的配列部位に結合できない場合も大きな問題となる。例えば、ある微生物種に対してランダムにプローブを設計、使用した場合、その3分の2のプローブは有効に機能しないことが経験的に知られている。これは、rRNA に結合しているタンパク質がプローブの結合を邪魔しているか、あるいは rRNA の2次構造（特にヘリックスの部位）が DNA プローブの標的配列部位への進入を阻害していると考えられている。おそらく多くの場合、後者が原因であると考えられるが、これに対しては、より RNA への結合親和性の高い人工核酸（Peptide Nucleic Acid : PNA や Locked Nucleic Acid : LNA など）をプローブに使用するなどで対応が可能な場合もある。

FISH 法は、rRNA を標的としたもの以外にも、検出対象の微生物のみが持っている特定の機能遺伝子、例えばダイオキシン分解遺伝子などを標的とすることも検討されている。しかしながら、このような機能遺伝子は通常ゲノム上に数コピーしか存在しない場合が多いことから、蛍光検出において十分な感度が得られない。このため、特定遺伝子配列を細胞内で増幅する PCR 法（In situ PCR 法）が検討されている。これについては第7章において詳細に述べる。

5.4 DNA マイクロアレイを利用した方法

　ヒト、マウス、酵母などのほぼ全遺伝子を搭載した DNA マイクロアレイがすでに市販され、遺伝子の発現解析研究に幅広く利用されているが、近年は微生物相の解析にも利用されるようになりつつある。DNA マイクロアレイは、解析したい生物の機能遺伝子に対応した mRNA から、これに相補的な cDNA（Complementary DNA）として逆転写したものや、cDNA 内の最も検出に適した一部の塩基配列を合成したオリゴ DNA をガラス基盤上に数千～数万種類スポットしたものである。

　このような DNA マイクロアレイを利用して遺伝子の発現解析を行う方法について、その手順を少し詳しく説明してみたい。例えば、低温で培養した酵母と常温で培養した酵母の遺伝子発現の違いを調べたい場合には、まず低温で培養した酵母から mRNA を抽出し、これをもとにして cDNA を逆転写酵素によって合成するが、このときに Cy3 で標識したヌクレオチドを加えておくことにより合成 DNA を赤く標識することができる。次に、常温で培養した酵母の mRNA から DNA を合成するときには Cy5 のような Cy3 以外の蛍光色素で標識する。引き続き、逆転写されたそれぞれの蛍光色素で標識された DNA を混合して DNA マイクロアレイにハイブリダイズさせると、低温で培養した酵母で発現が高い遺伝子のスポットは赤い蛍光を発し、低い場合には Cy5 由来の緑色蛍光を発することになる。このように、いろいろな培養条件で培養することにより、遺伝子の発現パターンを解析することができる。

　DNA マイクロアレイを微生物の分類・同定や微生物相解析に利用する研究も進められている。例えば、SSU rRNA 遺伝子の全塩基配列の内、分類に利用可能な変異が多い部分の塩基配列を選んで、それぞれの微生物種に対応したオリゴ DNA を合成しマイクロアレイ上に並べることにより、理屈上は微生物相解析 DNA マイクロアレイができることになる。このような DNA マイクロアレイに、各種試料から抽出した DNA をもとに、ユニバーサル PCR プライマーで SSU rRNA 遺伝子を増幅し、増幅 DNA を蛍光標識しておくこ

とにより、DNAマイクロアレイのどのスポットに標識DNAがハイブリダイズするかどうかで、特定の微生物種が存在するかどうかが判断できる。試料から抽出したrRNAそのものを増幅操作なしで蛍光標識し、これをアレイにハイブリダイズさせることも可能である。

マイクロアレイ解析においては、理論的には各スポットの蛍光強度からその存在量を推定することができる。とはいうものの、感度と精度を最適とするためのハイブリダイゼーションの温度条件などが、それぞれの微生物の塩基配列のG+C含量によって異なるため、正しい定量結果を求めるのであれば、1枚のスライドガラス上のすべてのスポットのハイブリダイゼーションの条件を個別にコントロールする必要がでてくる。このような条件設定は現在のところ不可能であるので、1〜2塩基ミスマッチの識別はまだ困難であるし、定量性についても多くを望むことができない。このため、rRNAを標的としたDNAマイクロアレイは実用的な段階に至るにはまだ多くの検討が必要と思われる。

rRNA遺伝子以外の機能遺伝子を、ハイスループットに解析することを目的としたDNAマイクロアレイはすでに利用されている。これは、機能遺伝子の場合は塩基配列の類似性がrRNA遺伝子に比較して低いため、1〜2塩基のミスマッチなどは問題にならないためである。したがって、厳密なハイブリダイゼーション条件のコントロールなしでも、特定機能遺伝子の特異的な検出がある程度可能になるのである。例えば、窒素循環にかかわる重要な微生物機能のひとつ、脱窒素に関連した遺伝子群などを網羅したDNAマイクロアレイにより、地下水中の脱窒素細菌の挙動を把握するなどの試みもなされている。今後のマイクロアレイ関連技術の進歩に伴って、さらに広く使われるようになってくるのではないだろうか。

5.5 rRNA分子を標的とした配列特異的切断法

rRNAを標的とした方法で少し変わった原理を使っているのが、筆者らが開発を進めている配列特異的なrRNA切断酵素を利用した方法である（図5-6）。この方法は、抽出したrRNAを標的として利用する。抽出rRNAには

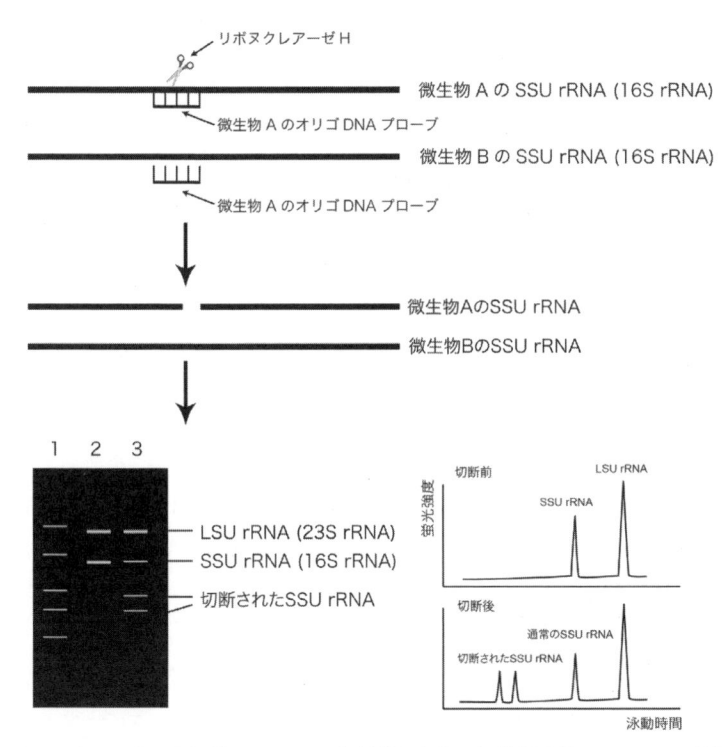

第 5 章 特定の微生物群を定量的に検出するための分子生物学的手法　　93

図 5-6　rRNA 分子を標的とした配列特異的切断法。標的微生物の rRNA に特異的な DNA プローブを結合させてできた DNA-RNA ヘテロ 2 本鎖を、酵素 RNase H（リボヌクレアーゼ H）により切断し、切断された断片から特定の微生物（群）を検出・定量することができる。

LSU rRNA と SSU rRNA が含有されている。この rRNA の混合物を電気泳動するときれいな 2 本のバンドが現れるが、本手法においては、この内の SSU rRNA 分子のみを、特定の塩基配列を認識して切断することにより、特定微生物（群）を検出定量する。この塩基配列特異的な SSU rRNA 分子の切断には、酵素 RNase H（リボヌクレアーゼ H）と特定微生物（群）に特異的な DNA プローブを利用する。RNase H は、DNA-RNA によるヘテロ 2 本鎖を認識し、その RNA 鎖のみを分解する酵素であることから、オリゴ DNA が rRNA の標的部位に結合すると、その部位を特異的に認識し、2 本鎖部分の RNA 鎖を分解、切断する。一方、非標的 rRNA 分子はオリゴ DNA とハ

イブリッドを形成しないため、切断は起こらない。したがって、この切断後のRNAをキャピラリー電気泳動などにより分子量分画すると、切断されたSSU rRNAと未切断のSSU rRNAが検出される。ここで切断されているものは標的rRNA分子であり、未切断rRNAは非標的rRNA分子ということになる。

これをT-RFLPのようなピークチャートにすると、切断されて出現した2本のピークと切れ残ったSSU rRNAピークが検出できるが、このピークの面積あるいは高さの比から、全SSU rRNA中の標的SSU rRNAの割合を算出することができる。

特定のrRNAを全rRNAに対する相対比で定量するという点では、メンブレンハイブリダイゼーション法と似ているが、

① 抽出から定量まで3〜4時間程度、切断反応自身は15分と、測定が迅速である、
② メンブレン作製時に毎回必要となる外部標準物質（標準菌株の既知濃度rRNA）が必要ない、
③ メンブレンハイブリダイゼーション法では、標的微生物由来SSU rRNA濃度とともに、全生物由来SSU rRNA量をユニバーサルプローブなどで定量しなければならないが、この方法では一度の切断反応と電気泳動だけでその割合の算出が可能となる、

などの利点がある。

もっとも、この方法も、メンブレンハイブリダイゼーション法と同様に、RNAが豊富に手に入る試料でなければ適用できない。また、定量精度を上げるためには、メンブレンハイブリダイゼーション法よりもさらに高品質のRNAが必要となるので、試料の取り扱いにも注意が必要である。RNAは分解されやすい性質を持っているため、RNAが分解して低分子化されてしまうと電気泳動パターンが乱れてしまい、定量が困難になってしまう。また、検出できる微生物（群）の割合は全微生物に対して最小で1％程度までであり、メンブレンハイブリダイゼーション法よりも検出感度は低くなる。ただ、一度プローブによる切断反応条件さえ決まれば、極めて迅速にRNAを定量できるので、特定の微生物群を経時的に定量する、あるいは多数の試料での

第5章 特定の微生物群を定量的に検出するための分子生物学的手法

存在量を調査するときなどに威力を発揮すると思われる。

以上、分子生物学的に特定の微生物（群）を定量するための、PCR 増幅を伴わないいろいろな手法を紹介したが、その他にも開発途上の方法がいくつかある。例えば、後述するモレキュラービーコンを利用して直接水溶液中の rRNA 分子を検出・定量する試みなどである。しかしながら、現時点で直接 rRNA を検出する方法として頻繁に利用されているのは上記の方法の内のいずれかである。それぞれの手法は、使用用途に応じて使い分ければよい。

例えば、廃水処理バイオリアクター内の特定の活性に対応した微生物群の追跡には、活性に対応した微生物群の rRNA 含量を直接定量できる、メンブレンハイブリダイゼーション法が利用できる。本手法は、また、内在性の自家蛍光物質のため、FISH 法の適用が困難な場合にも利用できる。

RNase H を利用した方法は、基本的にメンブレンハイブリダイゼーション法を適用できる環境試料に対して利用でき、迅速な定量が可能であるが、ポピュレーションの割合が少ない微生物群を追跡したい場合にはあまり向いていない。

DNA マイクロアレイ法は、現時点では特定微生物群の定量的検出に使えるレベルに達していないが、単純な微生物相を持つ試料の定性的解析（同定）には使えるのではないだろうか。

一方、FISH 法は、環境中の未培養微生物群のクローン解析結果に基づいて、実際にそのような微生物が環境中に存在しているかどうかを顕微鏡下で確かめたい場合や、バイオフィルムなどの生物膜内部での微生物分布を視覚化したい場合、さらに特定微生物細胞を数として定量したい場合に有効である。

本章では RNA を標的とした検出手法について主に述べてきたが、RNA は DNA に比べて分解されやすい物質である。したがって、このような技術を利用する場合は、RNA の取り扱いに比較的精通している必要がある。一方、次章で詳しく説明する PCR を利用した手法は、DNA を利用することから、RNA を利用した手法に比べてより汎用性が高くなっている。

第6章

特定の微生物群を定量的に検出するための分子生物学的手法（PCR編）

　前章では、rRNA を標的として、特定の微生物群を定量的に検出する手法について解説してきた。rRNA を標的とした手法は増幅操作を介さないため、増幅時のバイアス（偏り）などを心配する必要がないが、多量の試料が必要となる。これに対し、DNA を標的とすることにより、最も一般的に用いられている遺伝子増幅法である PCR（Polymerase Chain Reaction）法を有効に利用することが可能になる。PCR 法で遺伝子を増幅すると、後に述べるような PCR に由来するバイアスを考慮する必要も出てくるが、少ない試料にも対応できることから、PCR による遺伝子増幅は特定微生物の検出・定量に必要不可欠となっている。

　また、少ない試料を扱う場合以外にも、不必要な遺伝子に由来するノイズを削減することを目的として、特定の遺伝子群のみを PCR 法により選択的に増幅することができる。例えば、SSU rRNA 遺伝子を標的として微生物群の解析や定量を行う場合、SSU rRNA 遺伝子のみを選択的に PCR 法で増幅し、その後に各種の解析に利用することで不必要な遺伝子の影響を取り除くことができる。

　また、後で詳しく説明するが、特定遺伝子を定量するために広く利用されている手法に、リアルタイム定量 PCR 法がある。この手法で、特定微生物（群）由来の SSU rRNA 遺伝子のコピー数を定量することにより、特定微生物（群）の微生物数の推定が可能になる。もっとも、大腸菌のように1ゲ

ノムに 7 コピーもの *rrn* オペロン（ルルン・オペロン：rRNA をコードする遺伝子群）を持っているものや、クロストリジューム属のある種のように 15 コピーもの *rrn* オペロンを持つものもいるが、環境に生息する多くの微生物は通常 1～2 コピー程度しか持っていない場合が多い。したがって、SSU rRNA 遺伝子のコピー数から、微生物数を求めることが可能になる。

本章では、現在最も広く利用されている、PCR 法による遺伝子の増幅を伴う遺伝子定量法、rRNA 遺伝子のコピー数に基づいた微生物定量法について解説したい。また、微生物からは少し離れるが、同様な技術を使うことにより、医療分野で急速に使われるようになってきた SNP（1 塩基多型）解析も可能である。少し横道にはそれてしまうが、遺伝子解析技術として重要であるため簡単に紹介したい。

6.1　競合的定量 PCR 法

まず初めに紹介したいのは競合的定量 PCR 法である。この方法は古典的な方法であるが現在でも使用されている。この方法では、定量すべき特定遺伝子と同じプライマー領域を持つが、増幅塩基長が異なる内部標準遺伝子を利用する。具体的には、標的とする遺伝子の内部を欠損させたり、余分な塩基を付加させたりすることにより、標的遺伝子よりも短い、あるいは長い標準 DNA 断片を用意し、それを所定の濃度で試料中に混ぜ合わせ、標的遺伝子と一緒に PCR 増幅を行う方法である。PCR 増幅を行った後、増幅産物を電気泳動すると、内部標準遺伝子の増幅産物は標的遺伝子よりも短いか、あるいは長くなるため、標的遺伝子の増幅産物とは異なる位置にバンドを形成する。それぞれのバンドの染色強度を比較することによって、添加した内部標準遺伝子量から、標的遺伝子の量を推定することができる。このような原理を利用し、内部標準物質の添加量を変化させて PCR 増幅を行い、標的遺伝子量を推定するのが競合的定量 PCR 法である。

本手法は、サーマルサイクラーと電気泳動装置があれば特別高価な装置を必要としない。しかしながら、より正確な定量性が必要な場合には、次項のリアルタイム定量的 PCR 法が優れている。

6.2 リアルタイム定量的 PCR 法

　PCR 法は目的の遺伝子に対応したオリゴヌクレオチドプライマーを利用して、倍々ゲームで遺伝子を増幅する手法であるが、増幅の過程をリアルタイムでモニタリングすることにより、もともと PCR チューブ内に入っていた遺伝子のコピー数を定量することができる。例えば、PCR チューブ内に既知の遺伝子を 0、1、10、10^2、10^3、10^4、10^5 コピーずつ添加しておいて PCR 増幅し、その増幅課程をモニタリングすると図 6-1 に示したような増幅曲線が得られる。PCR 増幅が最適条件で進行すれば、10^5 コピーのチューブから増幅がモニタリングできるようになり、次々により添加コピー数の少ないチューブの増幅がモニタリングできるようになる。PCR 阻害物質などが入って

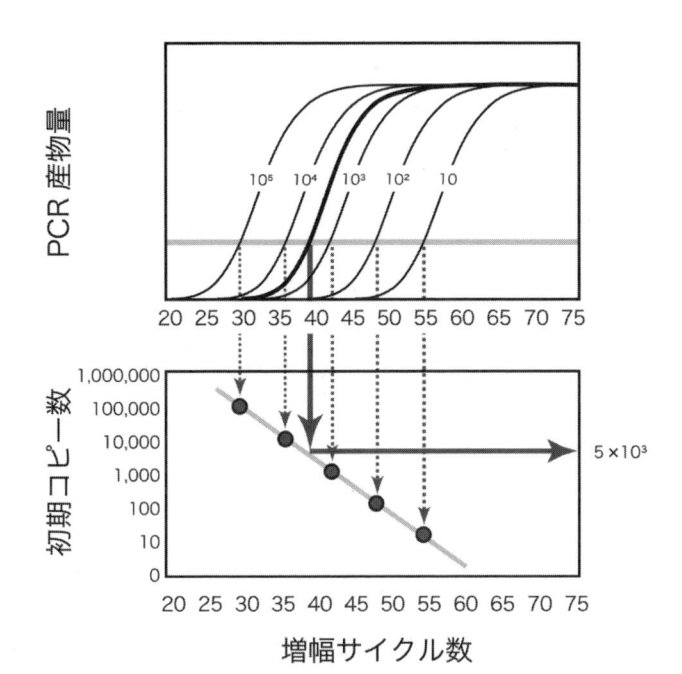

図 6-1　リアルタイム定量的 PCR 法。既知濃度の遺伝子の増幅過程をリアルタイムでモニタリングすることにより検量線を作成し、この検量線から未知試料の遺伝子量を計算することができる。

いない理想的な条件では、1 コピーの遺伝子でも検出され、遺伝子が入っていないチューブは立ち上がらないことになる。

このような増幅曲線から、初期添加遺伝子コピー数と一定の濃度まで増幅されるのに要する PCR サイクル数を求めプロットすると、未知試料中の遺伝子のコピー数を定量するための検量線を作成することができる。夾雑物が多い土壌試料などでは、腐植質などの PCR 阻害物質が含まれることが多いため、定量精度は低くなってしまうが、DNA 以外の夾雑物が少ないサンプルや、高度に精製された DNA サンプルでは 1〜数コピーの遺伝子を検出することも可能である。

リアルタイム定量的 PCR 法は、化学分析などではほとんど不可能な数コピーといった遺伝子も定量することができることから、特定遺伝子の定量に欠かせない手法となりつつある。しかし、リアルタイム定量的 PCR 法は、既知のコピー数の遺伝子を利用して検量線を作成し、これと比較して試料中の遺伝子のコピー数を求めることから、実際の試料の中に PCR 阻害物質などが入っていると大きな誤差がでてしまうことになる。このため開発されたのが競合的リアルタイム定量 PCR 法である。この方法は、定量すべき特定遺伝子と同じプライマー領域を持ちほぼ同じ長さであるが、内部に少し異なる塩基配列を持っている内部標準遺伝子を利用した手法であり、先に説明した競合的定量 PCR 法のリアルタイムモニタリング版といえるものである。

具体的な定量法としては、まず、PCR チューブを 2 本用意してそれぞれにサンプルと内部標準遺伝子を添加し PCR 増幅を行う。このときに、一方はサンプル中の目的遺伝子の増幅をリアルタイムでモニタリングし、もう一方は内部標準遺伝子の増幅をリアルタイムでモニタリングする。内部標準遺伝子に対する目的遺伝子の比を求めることにより、目的遺伝子を定量することができる（図 6-2）。内部標準遺伝子は、プローブが結合する領域の塩基配列を、目的遺伝子の塩基配列と少しだけ変えたものを利用する。このような内部標準遺伝子を利用することにより、標的遺伝子配列のみをモニターするプローブ、内部標準遺伝子配列のみをモニターするプローブを、それぞれ個別にデザインすることができる。したがって、それぞれの増幅をモニターすることにより、同じ PCR 条件で内部標準遺伝子と標的遺伝子の比を求める

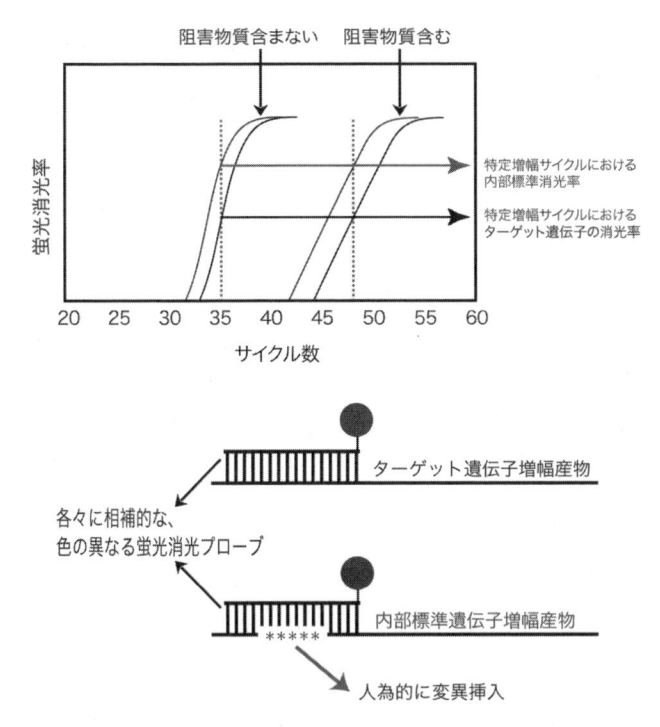

第 6 章 特定の微生物群を定量的に検出するための分子生物学的手法（PCR 編） **101**

図 6-2 競合的リアルタイム定量 PCR 法。定量すべき特定遺伝子と同じプライマー領域を持ちほぼ同じ長さであるが、内部に少し異なる塩基配列を持っている内部標準遺伝子を利用した手法。PCR チューブを 2 本用意してそれぞれにサンプルと内部標準遺伝子を添加し PCR 増幅を行う。このときに、一方はサンプル中の目的遺伝子の増幅を、もう一方は内部標準遺伝子の増幅をそれぞれリアルタイムでモニタリングし、内部標準遺伝子に対する目的遺伝子の比を求めることにより、目的遺伝子を定量することができる。ここでは、図 6-7 で説明する蛍光消光プローブで PCR 増幅過程をモニタリングした場合を示している。

ことが可能になる。プローブを異なる蛍光色素で標識しておけば、1 本の PCR チューブでそれぞれをモニターすることもできるため、さらに効率的な測定が可能になる。

　このように、異なる蛍光色素で標識したプローブを利用した競合的リアルタイム定量 PCR 法は、内部標準遺伝子と目的遺伝子を同じ PCR 条件で、さらには同じ PCR チューブで増幅できることから、PCR 阻害物質の影響をキ

ャンセルできるという優れた特徴を持っている。

6.3　内部標準遺伝子を利用した増幅エンドポイント定量法

　上述した競合的リアルタイム定量PCR法は、PCR阻害物質を含む環境サンプルなどの遺伝子定量に優れているが、増幅過程をリアルタイムで観察するための高価な装置が必須となる点に問題がある。このため、安価なPCR装置を用いて遺伝子を増幅した後で、1回だけ蛍光を測定するだけですむエンドポイント定量法が開発されつつある。エンドポイント定量を実現するためには、競合的リアルタイム定量PCR法と同様に内部標準遺伝子を利用することになるが、内部標準遺伝子とターゲットとなる遺伝子の比率が、遺伝子増幅過程を通じて変化しないことが重要となる。このため、内部標準遺伝子とターゲットとなる遺伝子は塩基配列や塩基数を限りなく同じにする必要があるとともに、わずかな差を認識して個別に定量するための検出用プローブ

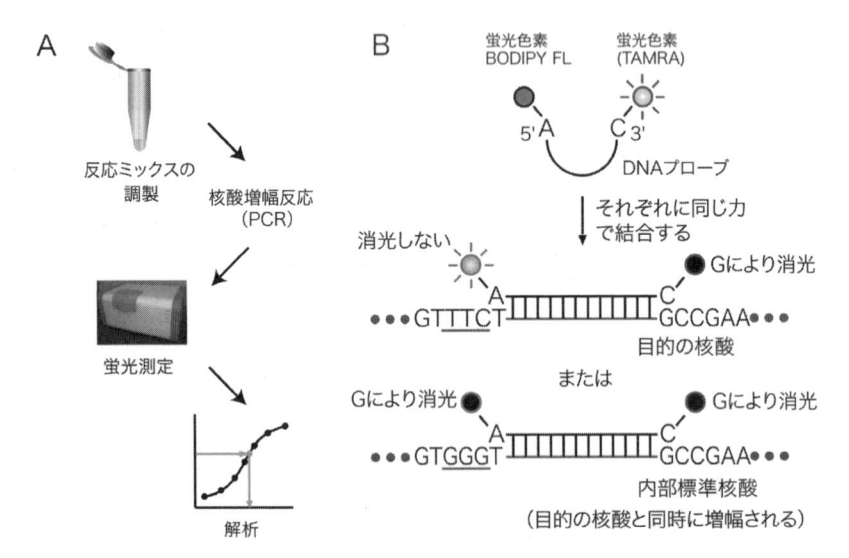

図6-3　内部標準遺伝子を利用した増幅エンドポイント定量法。目的遺伝子と内部標準遺伝子を同じプローブで個別に定量することにより、PCR増幅のエンドポイントでそれぞれの比から目的遺伝子量を測定することができる。ここでは、図6-7で説明する蛍光消光プローブの一種を利用している。

の開発が必要となる。

現在、筆者らの研究グループでは、両端をシトシンとし、それぞれ異なる消光蛍光色素でラベルしたプローブを利用し、同じプローブで目的遺伝子と内部標準遺伝子を個別に定量する手法の開発を進めている（図6-3）。すなわち、このプローブは、目的遺伝子にハイブリダイズしたときには左側の色素は消光しないが、内部標準遺伝子にハイブリダイズしたときには消光するように設計されている（後述の蛍光消光プローブを参照）。一方、右側の色素は目的遺伝子、内部標準遺伝子ともに消光するように設計されており、添加プローブがどの程度結合しているのかを評価できるようになっている。したがって、3塩基のみしか違いがないターゲット遺伝子と内部標準遺伝子を、右側の色素の消光に対する左側の色素の消光割合から同じプローブで定量することができる。ほぼ同じ塩基配列の標的遺伝子と内部標準遺伝子を、同じプローブで個別に定量できることから、PCR増幅の経過をモニタリングしなくともPCR増幅のエンドポイントでそれぞれの比を測定することにより、添加した内部標準遺伝子の量から目的遺伝子量を測定することができる。

このように、内部標準遺伝子を利用することによって、PCR増幅阻害などによる誤差をキャンセルすることができる。PCR増幅過程をリアルタイムで観察するためには高価なリアルタイム定量PCR装置が必要となるが、エンドポイントで定量することが可能であれば高価なリアルタイム定量装置は必要なくなる。このような手法を開発することで、安価なPCR装置と蛍光測定装置によって目的遺伝子の定量が可能になるものと期待している。

6.4　1塩基伸長反応とキャピラリー電気泳動を利用した定量

PCR増幅したDNAをもとに特定の微生物を定量する方法として最近ユニークな方法が提案された。HOPE（hierarchical oligonucleotide primer extension）法と呼ばれる方法であるが、長さの異なる複数のオリゴヌクレオチドプライマーと、蛍光標識したジデオキシヌクレオチドを利用し、1塩基伸長反応を行うことを基本とした方法である。

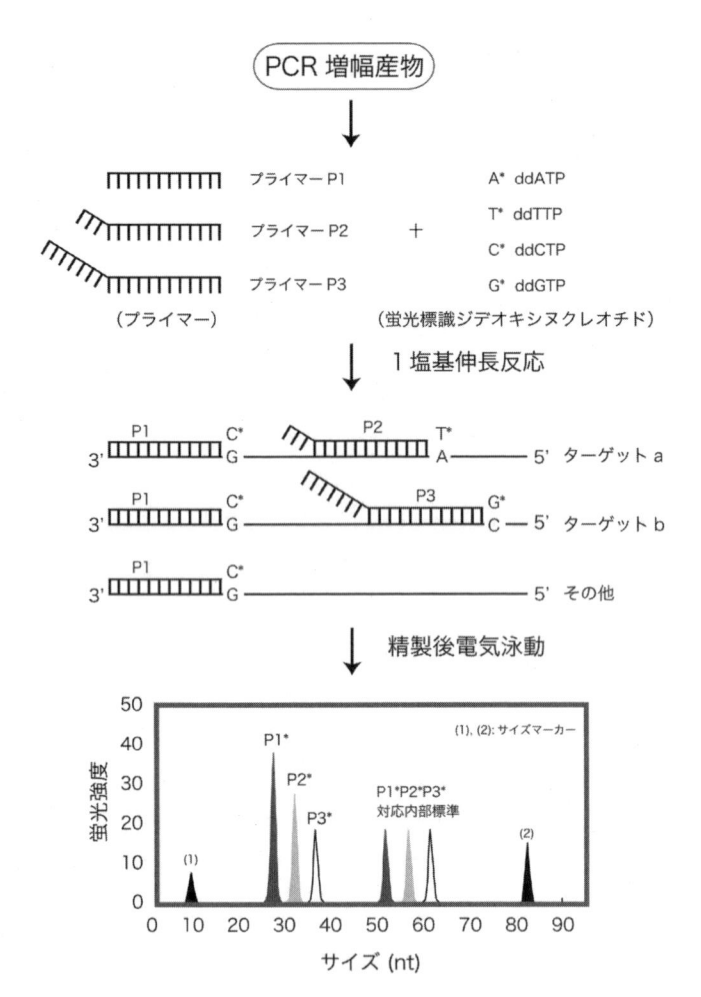

図 6-4 HOPE（hierarchical oligonucleotide primer extension）法の概要。ユニバーサルプライマーP1、a 微生物特異的プライマーP2、b 微生物特異的プライマーP3 を添加し、蛍光標識したジデオキシヌクレオチド存在下で伸長反応を行うことにより、各プライマーが蛍光標識される。これをキャピラリー電気泳動することにより、P1 の高さとの比から P2、P3 を求めることができる。また、既知濃度の内部標準を利用することにより、比を求めるのみならず定量することも可能になる。

例えば、バクテリアのrRNA遺伝子すべてに結合するプライマーと、特定の細菌種のrRNA遺伝子に特異的に結合するプライマーを添加して伸長反応を行った場合、それぞれの標的配列（rRNA遺伝子）の存在量に応じて、プライマーの伸長反応が起こる。この伸長反応では、蛍光標識されたジデオキシヌクレオチドが取り込まれるため、1塩基が取り込まれた段階で伸長反応が停止するとともに、プライマーに蛍光色素がラベルされることになる。バクテリアのrRNA遺伝子を標的としたプライマーと、特定の細菌種を標的としたプライマーの長さが異なるように設計しておけば、蛍光標識された2種のプライマーをキャピラリー電気泳動で別々の蛍光ピークとして検出することが可能となる。

検出されたピークの面積あるいは高さの比から、全バクテリア由来rRNA遺伝子量と、標的細菌種由来rRNA遺伝子量の比を推定することができる。また、塩基数の異なる既知濃度の蛍光標識オリゴヌクレオチドを用いることにより、定量することも可能となる。先に紹介したRNase H法と同様に、1回の反応と電気泳動操作によって特定の細菌種の存在量（相対比）を計測することができる。本技術は、

① PCR産物から反応を開始した場合、定量まで1.5〜3時間程度と迅速である、
② 既知濃度の蛍光標識オリゴヌクレオチドを用いるだけで、目的とする菌株の既知濃度のRNA遺伝子が不要である、
③ 長さの異なるプライマーと蛍光色素の種類（最大4種類）の組合せによって、1回で何種類もの微生物を定量できる、

などの利点がある。

この方法は、あらかじめ複数微生物試料から抽出したDNAをもとに一度PCR増幅を行う必要があるため、PCRバイアスが問題となる点には注意が必要である。しかしながら、DNAを利用した定量法としては、定量的PCR法よりもはるかに簡便に特定微生物の相対量測定ができるユニークな方法であり、今後広く利用されていく可能性がある。

6.5 増幅遺伝子量の計測方法

　リアルタイム定量的 PCR 法、内部標準遺伝子を利用した増幅エンドポイント定量法などにおいては、当然のことながら、PCR の増幅過程をモニタリングしたり、増幅産物量を数値として表したりする必要がある。このためには、増幅産物量を蛍光で識別定量する手法が基本的に利用されている。特殊な蛍光色素や蛍光色素で標識した各種のプローブやプライマーが開発され利用されているが、以下代表的な手法について説明する。

（1）SYBR Green を利用した方法

　SYBR Green は、微生物数を計測するときによく利用される核酸染色蛍光色素である DAPI と同じように、DNA の 2 本鎖に取り込まれると蛍光を発する特殊な蛍光色素、すなわちインターカレーターの 1 種である。PCR 増幅をするときに、PCR チューブ内に SYBR Green を加えておくと、PCR 増幅によって増加してくる DNA は 2 本鎖構造であるため、増幅産物に SYBR Green がインターカレートして蛍光強度が増加する。したがって、SYBR Green の蛍光をモニタリングすることにより PCR 増幅過程をモニタリングすることができる。この方法は、2 本鎖の DNA であればどのような塩基配列でもかまわないため何にでも利用できる、また、同じ色素を使えばよいことからコストメリットがあるといった利点がある。一方で、フォワードプライマーとリバースプライマーから形成される増幅産物、プライマーダイマーのような目的増幅産物以外の増幅によっても発蛍光する、増幅された PCR 産物量と蛍光強度が必ずしも比例しない、といった欠点もあるが広く利用されている。

（2）TaqMan プローブ

　図 6-5 に示すように、目的とする塩基配列に対応したオリゴヌクレオチドの一方を蛍光色素（レポーター）でラベルし、もう一方を、蛍光を消光させるためのクエンチャーでラベルしたプローブが、TaqMan プローブとして販

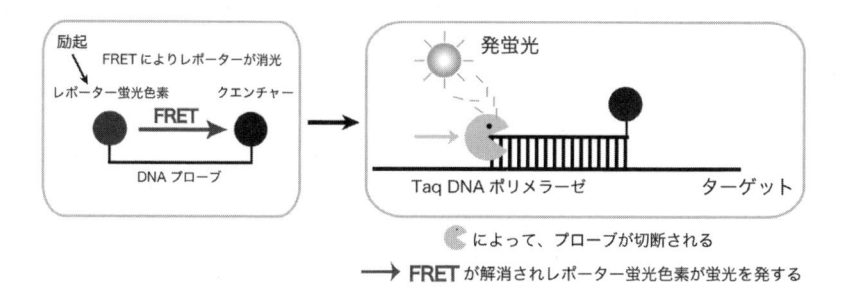

図 6-5 TaqMan プローブ。目的とする塩基配列に対応したオリゴヌクレオチドの一方を蛍光色素でラベルし、もう一方を、蛍光を消光させるためのクエンチャーでラベルしたプローブ。ターゲットの塩基配列にハイブリダイズした TaqMan プローブが、DNA ポリメラーゼによる伸長反応時に分解され、発蛍光する。

売されている。特定の遺伝子を PCR 増幅するときに TaqMan プローブを添加しておくと、ターゲットの塩基配列にハイブリダイズした TaqMan プローブが、DNA ポリメラーゼによる伸長反応時に分解される。プローブが分解されることにより、レポーター蛍光色素はクエンチャーと離れることから、本来の蛍光を発するようになる。したがって、この発蛍光をモニタリングすることにより、PCR の増幅過程をモニタリングすることができる。本法で使用する DNA ポリメラーゼは、目的遺伝子が増幅されるときに、ターゲット配列に結合している TaqMan プローブを分解することができる、エクソヌクレアーゼ活性を持っていることが重要になる。TaqMan プローブを利用した方法は、目的とする遺伝子産物の増幅のみをモニターできるため、プライマーダイマーの形成や、目的遺伝子以外の増幅産物に大きな影響を受けないといった利点がある。現在定量 PCR に最も広く利用されているが、蛍光色素（レポーターとクエンチャー）の二重標識が必要になる。

（3）ハイブリダイゼーションプローブ

図 6-6 に示すように、ターゲットとなる遺伝子配列にハイブリダイゼーションする 2 種類のオリゴヌクレオチドを利用するが、それぞれのオリゴヌクレオチドを 2 種類の蛍光色素で標識しておくことを特徴としている。一方を蛍光色素、もう一方をクエンチャーで標識しておけば、増幅されたターゲッ

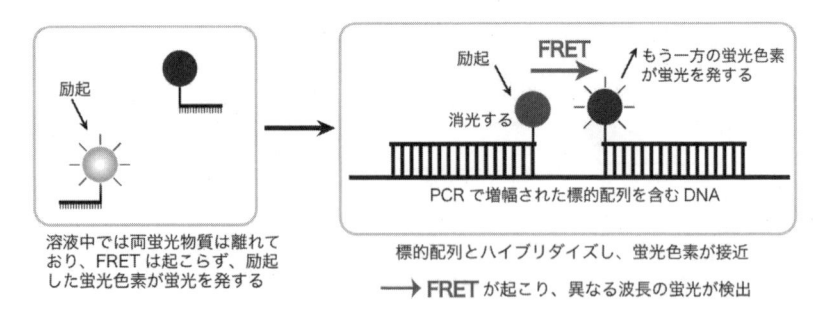

図 6-6 ハイブリダイゼーションプローブ。ターゲットとなる遺伝子配列にハイブリダイゼーションする 2 種類のオリゴヌクレオチドを利用する。それぞれのオリゴヌクレオチドを異なる蛍光色素で標識しておくことにより、2 つのプローブが同時にハイブリダイズすると蛍光の波長が変化する。

ト遺伝子に同時に 2 つのプローブがハイブリダイズするようになり、それぞれが近づくことから蛍光が消光する。この消光をモニターすることにより目的遺伝子の増幅をモニターすることができる。また、2 つのプローブをそれぞれ異なる蛍光色素で標識することにより、FRET 現象による蛍光特性の変化から増幅遺伝子量をモニターすることもできる。この方法は 2 種類の蛍光標識オリゴヌクレオチドを使用しなければならないという欠点がある。

(4) 蛍光消光プローブ

蛍光消光プローブは、ある種の蛍光色素がグアニンに近づくことにより消光する現象を利用したプローブである。核酸塩基の中でもグアニンは特別な塩基で蛍光色素の蛍光特性を大きく変化させる性質を持っている。したがって、図 6-7 に示したようにプローブの末端をシトシンとして蛍光標識しておくことにより、ターゲットとハイブリダイズするとグアニンで消光するようなプローブをデザインすることができる。このようなプローブを用いることにより、ターゲットとなる遺伝子の増幅を蛍光の消光過程をモニタリングすることによって追跡することができる。5' 末端のシトシンを蛍光ラベルしたプローブを PCR プライマーとして利用することによっても、蛍光消光から PCR 増幅過程をモニタリングすることができる。プローブとして利用した場合にはプライマーダイマーなどの影響を受けないが、プライマーとして利

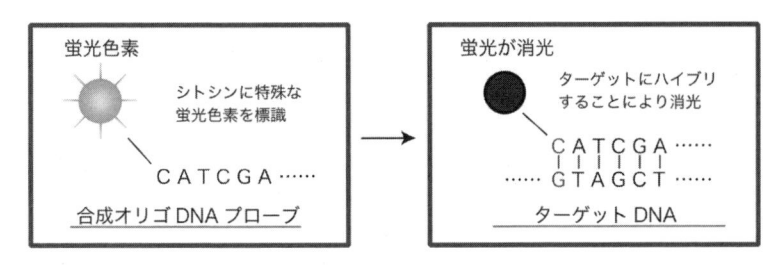

第6章 特定の微生物群を定量的に検出するための分子生物学的手法（PCR編） **109**

図6-7 蛍光消光プローブ。グアニンと近づくことにより消光する蛍光色素を利用したプローブ。プローブの末端をシトシンとして蛍光標識しておくことにより、ターゲットとハイブリダイズするとグアニンで消光する。

用した場合には影響を受けるといった欠点がある。

　この方法の利点は、TaqManプローブとは異なりプローブが分解されないため、PCR増幅後に2本鎖DNAの温度解離曲線を取ることができる。すなわち、本当に目的のターゲットにハイブリダイズしているかどうかを発蛍光により解離曲線を求め、塩基配列からあらかじめ計算された変性温度で解離が起こっているかどうかを確かめることができる。また、1種類の蛍光標識ですむという利点もある。

（5）シンプルプローブ

　蛍光色素によってはターゲットの塩基配列にハイブリダイズすることにより、蛍光強度が増加する場合がある。このような蛍光色素の特性を利用して、PCR増幅産物の増加を、1種類の蛍光色素で標識したプローブを利用し、発蛍光でモニタリングすることも可能である。蛍光消光プローブとは全く逆の特性を利用しているが、どちらが優れているかは、蛍光強度の変化量、プローブデザインの容易性で決まってくる。

（6）モレキュラービーコン

　TaqManプローブと同様な現象を利用している。両端をレポーター蛍光色素とクエンチャーで標識し、ステムとループを形成するようにデザインするとフリーな状態では蛍光は消光している。しかし、ターゲットが存在しループ部分がターゲットにハイブリダイズすると、ステム構造が開きレポーター

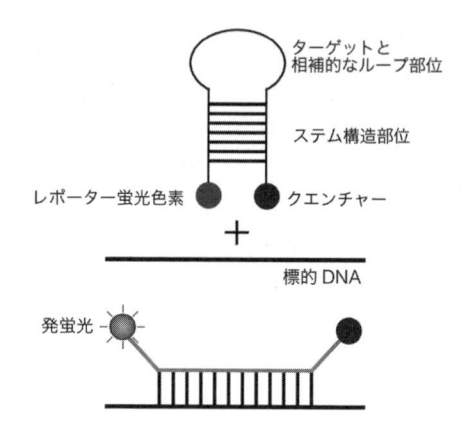

図 6-8 モレキュラービーコン。両端を蛍光色素とクエンチャーで標識し、ステムとループを形成するようにデザインする。ターゲットが存在しハイブリダイズすると、蛍光色素とクエンチャー間の距離が大きくなり蛍光色素が発蛍光する。

蛍光色素とクエンチャー間の距離が大きくなり蛍光色素が発蛍光するようになる（図 6-8）。なお、モレキュラービーコンを利用して rRNA 分子を直接水溶液中で定量する試みもなされているが、現在のところ信号とノイズの比が小さく、その定量にはまだ問題があるようだ。

現在、リアルタイム定量 PCR のモニタリングには、コストの点で SYBR Green が、信頼性などの点から TaqMan プローブがよく利用されている。しかしながら、後発ではあるが、蛍光消光プローブなどがデザインの容易さなどから徐々に利用されるようになってきている。

6.6 SNPs 検出と rRNA 遺伝子検出の類似性

ここで、微生物の検出からは離れて違う話をしてみたい。DNA シーケンサーの高速化・自動化によって各種生物のゲノム解析は急速に進展し、2003 年にはついにヒトのゲノム解析も終了している。このような膨大なゲノム情報をいかに有効活用していくかが今後に託された課題であるが、遺伝子多型情報とテーラーメイド医療は今後の医療を大きく変えていく可能性を秘めている。ヒトの遺伝子は約 22,000 程度といわれているが、それぞれの遺伝子

が全く同じ配列を持っているわけではない。1個の塩基が他の塩基に置き換わっているSNP（Single Nucleotide Polymorphism：1塩基多型）、1塩基から数千塩基にわたる欠失や挿入、繰り返し配列の繰り返し回数の違い（VNTR：Variable Numbers of Tandem Repeat、マイクロサテライト多型）など、多くの変異がある。

　この中で、SNPは、特に注目を集めている。1塩基の違いは遺伝子そのものの基本的特性に決定的な影響を与えることは少ないが、何らかの影響を及ぼしていると推定されている。このため、特定の表現形質、例えば薬剤の効き方や代謝速度、高血圧や糖尿病などの病気にかかりやすい性質、肥満といった個人の形質とSNPに何らかの相関が認められる場合がある。ヒト遺伝子のSNPは約300万カ所と推定されているが、このようなSNPと表現形質との関連が精力的に解析されつつある。SNPと個人の形質の関連が明らかになれば、それぞれの個人の特定のSNPを解析しておくことにより、個々人に応じた薬剤の選定や処方が可能となる。

　例えば、ヒトの薬物代謝酵素群としてよく知られているシトクロムP450についてはすでに多くの研究がなされており、本酵素遺伝子のSNPと薬剤の効き方には相関があることが明らかにされつつある。肺ガン治療薬であるイレッサは、間質性肺炎という薬害を引き起こすことが知られているが、間質性肺炎を引き起こしやすいかどうかと個々人のSNPに相関があることが明らかにされつつある。このような個々人のSNPと薬剤代謝などとの関連が明らかになれば、個々人に対応した投薬や治療といった、いわゆるテーラーメイド医療への道が開けることになる。また、実際にどの程度本当かは知らないが、肥満に関するSNPが明らかにされ、事業ベースで解析されるようになってきている。300万カ所という膨大なSNPと表現形質との関連を明らかにしていくことは遠い道のりということができるが、今後の研究の進展に期待したい。

　個々人の特定の表現形質とSNPとの関連を明らかにするためには、例えば、特定の医薬品に対するアレルギーといった表現形質と、何らかの関連があると考えられる数多くの遺伝子群のSNPを網羅的に解析し、臨床データと比較する必要がある。このような目的には、数多くの異なるSNPの解析

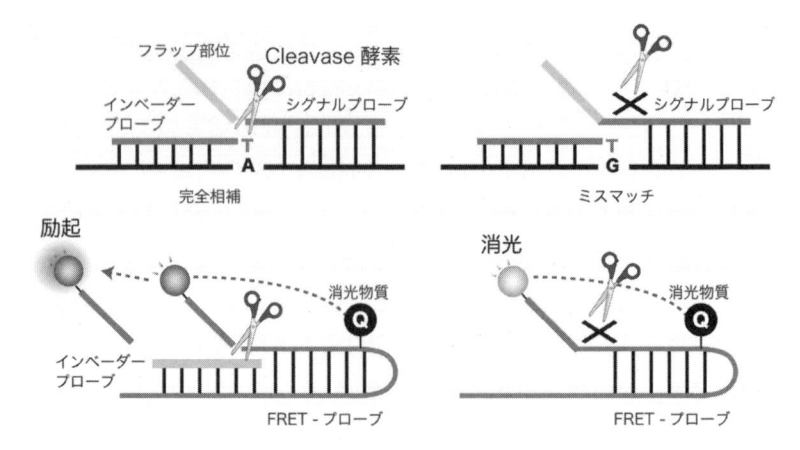

図6-9 インベーダー法によるSNP解析。インベーダープローブとターゲットのDNAがパーフェクトマッチする場合には、シグナルプローブのフラップ部位がクリアベースによって切断される。次にこれがFRET-プローブに対するインベーダープローブとして機能し、クリアベースはFRET-プローブの蛍光標識部位を切断する。その結果、蛍光シグナルが観察される。本法の利点は、異なる遺伝子の異なるSNPの解析にも同じFRET-プローブを利用できる点にある。

に適した技術が必要となる。このような網羅的 SNP 解析技術としてはインベーダー法が開発され利用されている。

　インベーダー法は、クリベース（Cleavase）という特殊な酵素を利用している。すなわち図 6-9 に示したように、検出すべき SNP 部位に対応したシグナルプローブ、インベーダープローブ、蛍光シグナルを得るための FRET-プローブを添加する。インベーダープローブとターゲットの DNA がパーフェクトマッチする場合には、シグナルプローブのフラップ部位がクリベースによって切断され、これが FRET-プローブに対するインベーダープローブとして機能することから、クリベースは引き続き FRET-プローブの蛍光標識部位を切断する。FRET-プローブにはあらかじめ蛍光色素とクエンチャー（蛍光消光試薬）が標識されており、蛍光標識部位が切断されることにより蛍光シグナルが観察される。

　本法の利点は、異なる遺伝子の異なる SNP の解析にも同じ FRET-プローブを利用できる点にある。オリゴヌクレオチドに複数の蛍光標識をする場合

は、1回の合成と標識に手間がかかり合成を依頼すると数万円のコストが必要となり、単なるオリゴヌクレオチドを合成するのに比較して10倍以上のコストとなる。したがって、異なるSNP部位を解析する場合でも非標識のシグナルプローブ、インベーダープローブを変えるだけですむことから、解析コストを低減できる利点がある。また、フラップ部位が切断されたシグナルプローブはターゲットDNAから解離し、新たなシグナルプローブが引き続き反応するため、蛍光強度が時間とともに増加する。したがって、ターゲットDNAをPCR法で増幅しなくとも解析できる利点がある。

この他にもFRET現象を利用した網羅的なSNP解析技術が開発されている。オリゴヌクレオチドを合成した後に蛍光標識するとコスト高になるが、PCR反応に使用するヌクレオチドは4種類しかないため、これをあらかじめ蛍光標識しておくことは容易である。このため、SNP部位を含む領域をPCR増幅した後、SNP部位のひとつ手前までの塩基配列に対応したプライマーをデザインしておき、1塩基伸長反応をすることによってSNPを判定する手法も開発されている（図6-10）。

この場合、伸長した塩基が何であるかを判断するために蛍光標識したジデ

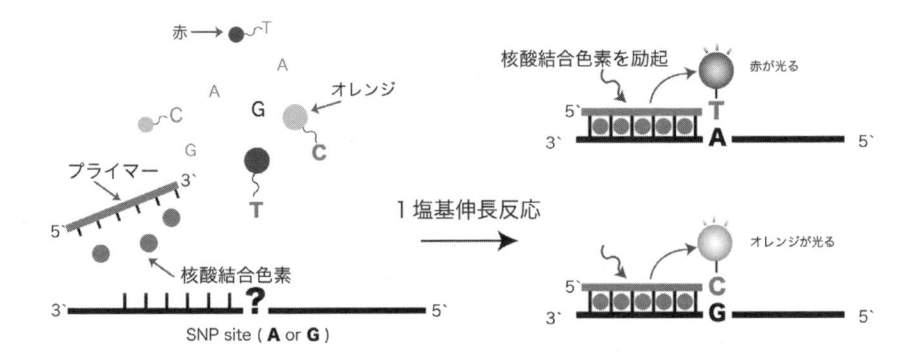

図6-10　1塩基伸長反応によってSNPを判定する手法。SNP部位のひとつ手前までの塩基配列に対応したプライマーをデザインしておき、1塩基伸長反応をすることによってSNPを判定する手法。インターカレーターとしてSYBR Greenを添加しておくと、プライマーがターゲットにハイブリダイズして2本鎖を形成するとSYBR Greenが蛍光を発生する。この蛍光は1塩基伸長反応で取り込まれた標識塩基の励起光として利用され、取り込まれた塩基の蛍光色素が励起される。

オキシモノヌクレオチドを利用する。測定系には FRET 現象を利用するが、インターカレーターとして SYBR Green を添加しておくと、プライマーがターゲットにハイブリダイズして2本鎖を形成すると SYBR Green が蛍光を発生する。この蛍光は1塩基伸長反応で取り込まれた標識塩基の励起光として利用され、取り込まれた塩基の蛍光色素が励起される。したがって、どの塩基に標識された蛍光色素の蛍光強度が増加するかを観察することによってSNP を判定することができる。蛍光標識モノヌクレオチドを利用し、高価な蛍光標識オリゴヌクレオチドを使用しないことから、同じ SNP の測定回数が少ないときには1回当たりの測定コストは低くなる。

　網羅的な SNP 解析により、特定の疾患や薬剤アレルギーなどを判断するSNP が特定できれば、診断には限られた複数（通常特定の SNP 1カ所だけで判断できる例は少ない）の SNP を判別するだけでよくなる。このような場合には同じ SNP を繰り返し解析するため、1回の合成にコストがかかる蛍光標識オリゴヌクレオチドプローブの利用も可能になる。蛍光標識オリゴヌクレオチドプローブは、1回合成すると数百回から数千回使用することができるため、同じ SNP を解析する場合は特にコスト面で問題となるわけではない。このような用途には、TaqMan プローブや蛍光消光プローブが利用される。

　TaqMan プローブは、SNP を含む遺伝子を PCR 増幅するときに、フォワードプライマーが TaqMan プローブの 5' 側まで伸展したときに TaqMan プローブとターゲット DNA にミスマッチがない場合は Taq ポリメラーゼの 5'-3' ヌクレアーゼ活性によって TaqMan プローブが分解される特性を利用している。これによって消光されていた蛍光色素が遊離し蛍光を発生するが、ミスマッチがあるとプローブはターゲットに結合しないことから分解されず、蛍光は発生しない（図 6-11）。したがって、この蛍光を測定することによって SNP を解析することができる。

　蛍光消光プローブは、SNP を含む塩基配列部位にハイブリダイズする蛍光消光プローブをデザインすることによって SNP 解析に利用できる。PCR 増幅産物にハイブリダイズさせた後温度を上昇させ、消光していたプローブが発蛍光する現象から解離曲線をとることによって SNP を判定する。ミスマ

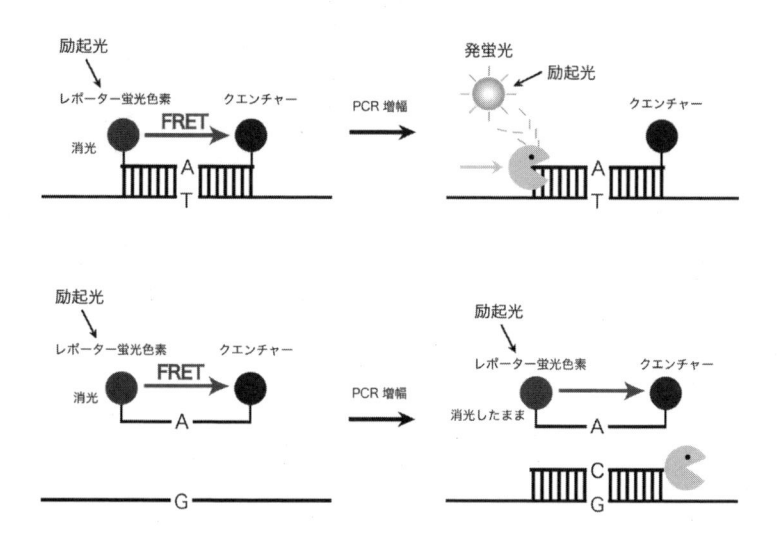

第 6 章　特定の微生物群を定量的に検出するための分子生物学的手法（PCR 編）　　**115**

図 6-11　TaqMan プローブを利用した SNP 解析。ミスマッチのあるなしで、TaqMan プローブはターゲットに結合したり結合しなかったりすることになるが、結合した場合には PCR 増幅反応時に分解され発蛍光することから SNP 判定ができる。

ッチがある場合には低い温度で解離してくるが、完全にマッチしているときにはより高い温度で解離してくるため、容易に SNP を解析することができる（図 6-12）。すなわち、野生型遺伝子に対応したプローブを利用すると、ミスマッチのある変異型遺伝子の場合は低い温度で解離し、野生型は高い温度で解離してくるのでそれぞれを容易に区別することができる。また、野生型と変異型のヘテロ遺伝子の場合は、2 段階の解離曲線となり、微分シグナルに変換すると 2 つのピークとして読み取ることができる。

　以上のような蛍光プローブを利用した SNP 解析技術は急速に進展しつつあるが、特許の問題などもあり事業レベルではまだあまり使用されていない。現在、和牛の霜降りに関連する SNP や家畜の疾病に関連する SNP が次々に明らかにされ、解析事業がスタートしつつあるが、特許との関連で便利な手法が使用できない場合もある。このような状況の中で、SNP 部位を認識する制限酵素を利用し、RFLP から SNP を判定する方法も実際の事業では利用されている。

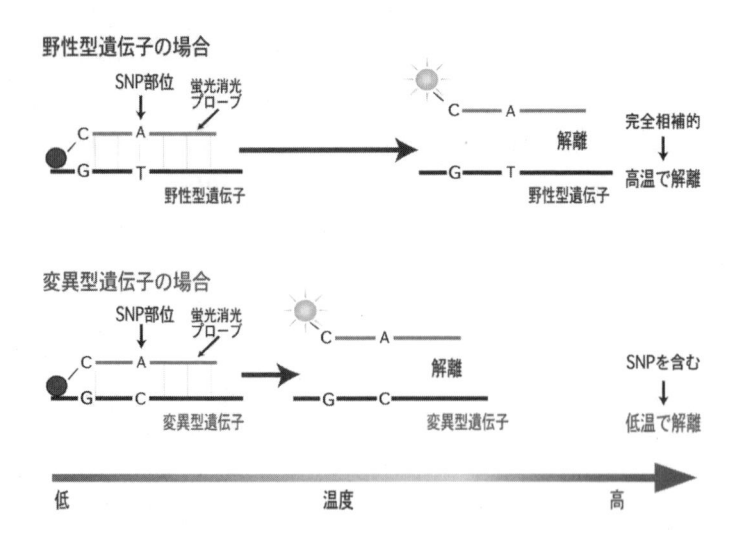

図 6-12 蛍光消光プローブを利用した SNP 解析。PCR 増幅産物に蛍光消光プローブをハイブリダイズさせた後、温度を上昇させると、ミスマッチがある場合には低い温度で解離し発蛍光するが、完全にマッチしているときはより高温で発蛍光することから、容易に SNP を判定できる。

ところで、私達が美味しい牛肉を食べるために、優れた肉質の種牛は人工授精に広く利用される。このため、優れた肉質に関連した SNP の探索や診断は極めて重要である。優れた種牛の人工授精用の精子は通常の 10 倍あるいは 100 倍の値段で取り引きされるため、優れた種牛は年間数億円を稼ぐことになる。また、よい肉質の和牛の精子は広く利用されるため、近親交配が繰り返されることになり、疾病に関係する遺伝因子が蓄積しやすくなる。このため疾病に関連した SNP を特定し、これを交配から排除することによって、病気になりやすい家畜を排除することも重要となっている。これが人間だったらと思うと背筋が寒くなる。

ところで、なぜこんな話が続くのかと訝った読者もおられるかもしれないが、ここまで述べてきたことで、SNP 検出技術は、rRNA およびその遺伝子検出技術と類似性があることを感じ取っていただけたと思う。SNP の解析技術と rRNA 検出技術における相違点はそれほどないのだ。片方の分野で開発された手法は、多くの場合他方にも応用可能である。

現在様々な研究者がSNP解析技術の開発あるいはSNPと表現形質の関係解明に努力しているが、それらの最新技術を微生物解析手法に応用することも大切であろう。一方、微生物検出分野からSNP検出の実情を見、あるいはその研究に携わってみて思うのだが、SNPの検出のほうが、複合微生物解析よりもよほどやさしい問題なのだ。微生物の多様性は推定できないほど広大であり、それらの微生物の特定遺伝子を、時には1塩基置換を見分ける正確さで認識、あるいは定量しなければならない。それは、ゲノムのSNPを評価するよりも難しい場合が多い。そう考えると、微生物検出技術の研究者から、SNPの検出技術へと分野を変えていくことも可能であろうし、そういう研究者が出てきても不思議ではない。

第 **7** 章

分子生物学的微生物相解析技術の問題点

　これまで、rRNA 遺伝子などを利用した微生物生態解析技術、あるいは微生物検出・定量技術の特徴や利点を中心にして、その詳細を述べてきた。確かに、従来の方法に比べ、これらの分子生物学的技術は格段に優れている面が多く、我々が今まで知らなかった事実を多数明らかにしてくれている。しかしながら、物事にはほとんど例外なく、弱点や問題点があるものだ。いくらすばらしい技術があるからといって、それを過信しすぎてはいけない。選択した手法がどのような間違いを導く可能性があるかを十分に理解した上で、得られる結果からどこまで議論できるかを慎重に考えることが大切である。

　本章では、分子生物学的解析技術、主に rRNA およびその遺伝子を標的とした方法で、現在まで認識されている問題点を解説したい。特に様々な解析に伴い発生するバイアス（偏り：もとの情報を正しく反映しておらず、何かに偏った結果を導くこと）の問題に関して詳細に検討してみたい。

7.1　DNA・RNA 抽出時の問題点

　特定の微生物が持っている遺伝子を増幅し塩基配列情報を解析するためには、まず初めにゲノム DNA を抽出し、場合によっては精製する必要がある。ここでの抽出効率、すなわち各種の微生物細胞からどれくらい均一に DNA を回収できているかが、後の解析結果に大きくかかわってくる。微生

物細胞は極めて多様であり、グラム陽性細菌などのように強固なペプチドグリカン層をその細胞壁に持つものもいれば、グラム陰性細菌のように薄いペプチドグリカン層しか持たないもの、あるいは *Mycoplasma*（マイコプラズマ）属細菌のように細胞壁そのものを持たないものまで存在する。また、このような多様性は、細菌のみならず古細菌においても同様である。

多種多様な物性を有する微生物細胞からゲノム DNA を均一に抽出するのは、一般的に非常に難しい場合が多い。例えば、細胞壁が極めて強固な微生物を基準に、厳しいゲノム抽出操作を行った場合、細胞壁の弱い微生物由来のゲノム DNA は同時に抽出されてはくるものの、溶液中で激しく剪断されてしまっている可能性が高い。一方、ゲノム DNA の物理化学的剪断を抑えようと緩やかな方法で抽出を行うと、細胞壁が強固な微生物細胞からの DNA 回収ができなくなってしまう。

ゲノム DNA の抽出には、化学的な処理、酵素処理、物理破砕処理などが利用されるが、一般的にはこれらの方法が組み合わされて使われる場合が多い。化学的な処理法では、強力な界面活性剤である SDS（Sodium Dodecyl Sulphate）や、タンパク質変性剤であるフェノールが頻繁に利用されている。酵素を利用した方法では、プロテアーゼやリゾチームなどの細胞壁分解酵素が利用される。また、物理的方法では小型のボールミルにより機械的に細胞壁を破壊する方法がよく利用されている。

このような各種の処理法の中で、特に酵素処理がゲノム DNA の断片化を防止できるため、分子量の大きなゲノムが必要な場合には有効である。しかしながら、酵素処理が有効な微生物は必ずしも多くないことから、微生物相解析を目的とした場合には、選択的な溶菌に伴う DNA 抽出時のバイアスが問題となってしまう。このような理由から、微生物相解析のための DNA 抽出時には酵素処理はあまり用いられない。

微生物相解析によく用いられる方法は、SDS やフェノール処理、熱処理を組み合わせつつ、小型のボールミルの 1 種であるビーズビーターによって物理的に菌体を破砕する方法である。これは小さくて丈夫な容器の中にガラス、セラミックあるいはジルコニアなどの堅いボール（直径 1〜3 mm 程度）を入れておき、微生物菌体試料を加えて激しく振とうする方法である。土壌中

第7章 分子生物学的微生物相解析技術の問題点

に生息する微生物は、ボールとボールの間に挟まって土壌粒子などとともに破砕される。このような装置がない場合には、試料を凍結し乳鉢に入れ、珪砂のような磨砕補助物と液体窒素を加え磨砕する方法がある。強固な試料にはよく利用される方法である。破砕時に抽出されたDNA断片が剪断力を受けないように抽出バッファーの塩濃度を上げて、高分子コロイドであるDNAをコロイドの塩析によってゲノムDNAがなるべく凝集した状態で液中に存在するようにする、というような工夫も見られる。特に微生物相をクローンライブラリ化して解析する場合には、断片化が激しいゲノムDNAを用いると、PCR反応時にキメラDNA（後述）が形成されやすいといわれている。

しかしながら、どんなに注意深くDNAを抽出したとしても、すべてのDNAを完全に抽出することはできない。したがって、この段階でバイアスが入っていることを常に念頭に置きながら、後の解析を進めていく必要がある。例えば、クローンライブラリ法で100クローン解析し、その内の80クローンが特定の微生物種由来のものだったからといって、もとの環境試料で8割のポピュレーションを占めるとは限らない。その80クローンは、たまたまその環境試料に存在した、溶菌しやすい、それほど多くないポピュレーションかもしれない。それを確かめるためには、FISH法などより直接的な方法によってその事実を担保する必要がある。

一方、rRNAを抽出する場合は、ゲノムDNAを抽出するよりも簡単である。ゲノムDNAは非常に長い断片であり、それをそのまま抽出するのは至難の業であるが、SSU rRNAはせいぜい1,500～1,800塩基長である。また、RNAとしての特性から、非常に強固な2次構造を形成しており、剪断力にも比較的強いとされている。したがって、rRNAを抽出する場合は、pHの低い酸性フェノール溶液を使用して長時間、あるいは複数回ビーズビーティングを行うことができる。かなり激しく破砕しても、rRNAが断片化することはまずないものと考えられる。酸性フェノール溶液を使うのは、フェノール層に溶け込んだDNAと、水溶液中に溶解するRNAを分離することができるためである。したがって、rRNAを標的とした方法では、抽出時のバイアスが少なくなる利点がある。

DNA、RNAを抽出する場合の大きな問題のもうひとつは、不純物の混入

である。例えば、土壌試料であれば土壌粒子、あるいはフミン質などの不純物が混入しているし、微生物細胞のみからなる試料でも、核酸以外のタンパク質、脂質、多糖などが高濃度で含まれている。土壌に含まれる粘土質、珪酸化合物はせっかく抽出された DNA や RNA を吸着してしまい、抽出効率を低下させてしまう。このような場合は、DNA の吸着を防止するため、スキムミルクなどのマスキング剤、すなわち粘度粒子などの表面を覆って DNA などを吸着しにくくするもの、を添加しておくことも効果がある。

　土壌に含まれるフミン質は、植物に含まれるリグニンなどが分解される過程でできる複雑な、特定の化学構造では表せない芳香族化合物の総称である。抽出した DNA にフミン質などが混入すると DNA の PCR 増幅が阻害され、目的とする遺伝子の取得が困難となる場合がある。このため、フミン質による PCR 増幅阻害を防止するための各種の方法が開発されているが、基本的には、DNA の精製を繰り返し注意深く行うことが基本となる。また、沈殿や密度勾配遠心分離などにより微生物画分を選択的に集めてから抽出することも古くから検討されてきた。この場合は、土壌粒子とともに沈降する微生物の DNA は抽出されてこないため、微生物相解析では大きなバイアスがかかってしまうことになる。

　以上のように、複合微生物試料からの核酸の抽出は、微生物相解析のスタートにして最も重要な段階であることから、注意深くその方法を検討する必要がある。また、抽出方法のみならず、採取する試料が本当に目的としている微生物生態系を代表した試料としてふさわしいかどうかを検討しておくことも、別の問題として重要である。

7.2　PCR 増幅時の問題点

　核酸抽出時の次に問題となるバイアスの発生は、PCR 増幅の段階である。PCR 法は、もとの遺伝子を数万から数百万倍に増幅する方法である。したがって、ユニバーサルプライマーを利用して複数の遺伝子を増幅してから解析する場合や、複数のプライマーを利用して複数の遺伝子を同時に増幅する場合、個々の遺伝子の増幅効率が同じにならないと、最終的な結果に大きなバ

イアスが入ることになる。これを PCR バイアスと呼んでいる。この他にも、PCR 増幅時に一部の塩基配列にエラーが入ってしまう問題がある。前者は、
　① PCR でのサイクル数の増加に伴い蓄積するバイアス、
　② PCR セレクションと呼ばれるプライマーの特異性に基づくバイアス、
が主な要因として考えられている。一方後者のエラーに関しては、
　③ キメラ DNA 配列の生成、
　④ ヘテロ 2 本鎖の生成、
などがあげられる。それぞれについて以下詳細に解説したい。

（1）PCR 増幅サイクルの増加に伴い蓄積するバイアス

　PCR プライマーを複数同時に使用して、同じチューブ内で複数の遺伝子を同時に増幅するマルチテンプレート PCR では、初めから多く入っている遺伝子は少ない遺伝子よりもサイクル数を重ねるごとに増幅度合いが少なくなり、それぞれが 1：1 に近づくように増幅されていく現象が知られている。これは、もともと多く存在する鋳型 DNA が増幅されていくと、ある PCR サイクルでその増幅がプラトーに達する傾向を示すようになるためである。これは、生成された増幅産物が増加するに従い、各 PCR サイクルでの熱変性後のアニーリング時に、増幅産物とプライマーがアニール（結合）するのではなく、増幅産物どうしが再アニールしてしまうため、増幅が停止することにより起こる。通常プライマーは過剰に添加しておくが、増幅産物が増加しすぎると増幅産物とプライマーがアニールする確率が低くなってしまい、増幅効率が著しく低下してしまうことになる。
　一方、初めから少ない鋳型 DNA は、増幅がある程度進んでもその量はまだ少ないため、プライマーとアニーリングする確率が高く増幅は進行する。以上の結果、もとの鋳型 DNA 遺伝子 A と B が 1：10 の比で存在していたとしても、PCR 増幅を繰り返すと最終的には 1：1 に近づいてしまうことになる。もちろん PCR 増幅がプラトーに達する理由はこれだけでなく、プライマーやヌクレオチドなどの DNA 合成の材料となる基質の枯渇や、ポリメラーゼの失活などもその要因となる。しかしながら、マルチテンプレート PCR では、PCR サイクルを必要以上に繰り返すと、基質の枯渇や酵素の失活以前

に増幅産物の構成比が変化してしまうことになる。

このような PCR バイアスを避けるためには、必要最小限の増幅サイクルで PCR を終了する必要があるが、このためには、PCR 増幅過程をモニタリングする必要がある。このモニタリングには、リアルタイム定量 PCR に使用される SYBR Green や蛍光消光プライマーが利用できる。これらの蛍光色素を利用して PCR 増幅の経過を観察し、必要最小限の増幅サイクルで増幅を終了させることが PCR バイアスを避けるために有効である。あるいは、何サイクル程度で増幅産物が検出されるかを事前に調査しておくことも有効である。また、熱変性ステップからアニーリングステップへの移行が遅いほど、増幅産物どうしのアニーリングが起こりやすくなるため、可能な限り温度変化速度を早く設定したほうがよいようである。

(2) プライマーの特異性にかかわる問題

複数の遺伝子をユニバーサル（共通）PCR プライマーで増幅するマルチテンプレート PCR において、定量性を保ったまま個々の遺伝子を増幅するためには、

① プライマーがどの標的分子に対しても同じ確率でアニールし伸長反応が進行する、

② どの遺伝子配列においてもポリメラーゼによる伸長速度が同じである、

などの要件を満たす必要がある。微生物相を 16S rRNA 遺伝子により解析するためには、初めにユニバーサル PCR プライマーを用いて PCR 増幅を行うが、試料によっては、使用するユニバーサルプライマーと完全に相補的な標的配列ばかりではない、すなわち、1 塩基〜数塩基程度のミスマッチを含む配列も存在する場合がある。プライマーと標的配列にミスマッチがある場合には、標的遺伝子の増幅効率が著しく低下するため、ミスマッチを含むような微生物が優占種であった場合には、通常極めて低く評価されてしまうことになる。

ユニバーサルプライマーを使用する場合には上述のような問題があるが、研究が進むにつれて最近利用されるプライマーは改良も進んできている。ま

た、解析する試料にミスマッチを持った微生物が含まれていることが想定される場合には、なるべく低いアニーリング温度でPCRを行うことにより、先にも述べたようにPCRバイアス（PCRセレクション）を抑えることができる。

　PCRプライマーを複数同時に使用して、同じチューブ内で複数の遺伝子を同時に増幅するマルチテンプレートPCRでは、PCR増幅時に、少ない遺伝子の比は多くなり、多い遺伝子の比は少なくなる方向へバイアスがかかることを先に述べたが、プライマーのGC含量によってもバイアスがかかってしまう。すなわち、GC含量が高いプライマーのほうが、低いプライマーに比べ標的へのアニーリング効率が高いため、GC含量が高いプライマーに相補的な標的遺伝子が相対的に効率よく増幅されてしまう。このバイアスの影響は、アニーリングの条件設定に依存し、ストリンジェンシー（アニーリングの厳密性）の高い条件に設定したときにバイアスが大きくなることが知られている。したがって、GC含量に大きな差がある複数のプライマーはなるべく使用しないほうがよいであろうし、また、どうしても使う必要がある場合は、ストリンジェンシーを厳密にしすぎないアニーリング条件下でPCR反応を行うことが重要である。

　また、プライマー領域だけでなく、プライマーに挟まれた内部配列もPCR増幅に影響を及ぼすことがある。例えば、GC含量の高い配列は熱変性しにくく、PCRでの増幅効率は低くなる傾向を示す。

　複数の標的遺伝子をなるべく手間暇をかけずに評価しようとした場合、マルチテンプレートPCRが利用されるが、どう厳密にPCR条件をコントロールしたとしても上述の問題を完全に排除することはできない。したがって、より精度良く解析したい場合には、手間暇はかかるが、試料に含まれると推定されるそれぞれの分類系統群に特異的なPCRプライマーを設計し、別々に群集構造を解析すべきである。

（3）キメラDNA配列の形成

　マルチテンプレートPCRでは、もともと存在しない配列がPCR増幅後突如として出現することがある。このようなことが起こるのは、多くの場合、

ある微生物に由来する配列とそれとは異なる微生物に由来する配列が融合したキメラ配列ができるためである。キメラとは、ギリシア神話に登場する伝説の生物であり、ライオンと牡山羊と蛇の首を持つといわれる架空の生物であるが、生物学では2種類以上の生物の遺伝子が交じり合った生物あるいは遺伝子配列に対してキメラという用語を頻繁に使う。PCR増幅におけるキメラ配列の形成メカニズムには、今のところ2種類が知られている。

　ひとつは、増幅対象配列よりも短い増幅断片ができた場合のキメラ配列の形成である（図7-1）。例えば、抽出したゲノムDNAが激しく剪断され、標的遺伝子そのものも切断されている場合、プライマーの結合によって開始する伸長反応は切断箇所で停止する。このような短い増幅断片や、完全に伸長できなかった短い増幅断片は、次のPCR反応でプライマーとしても機能す

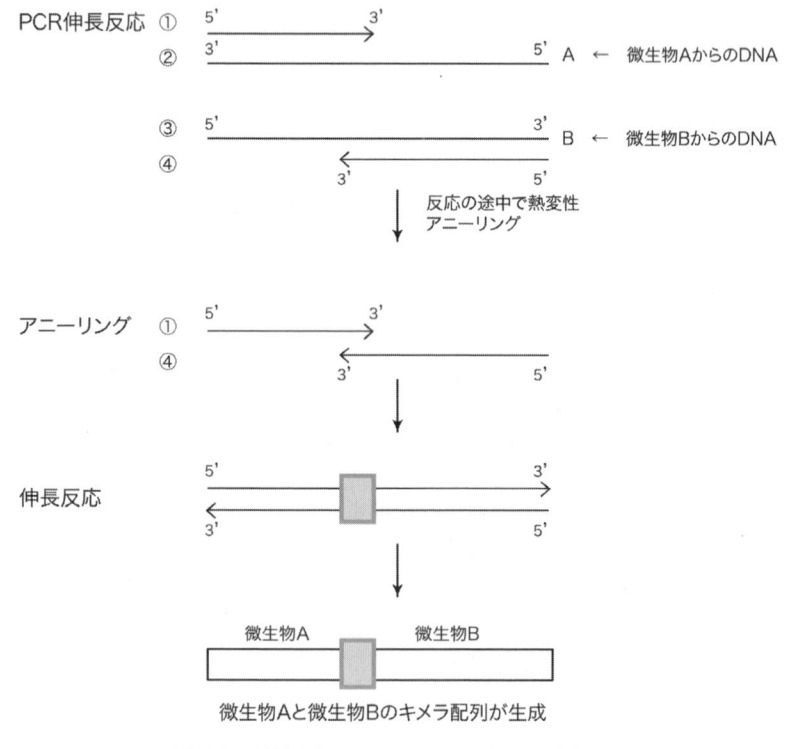

図7-1　異種遺伝子によるキメラ配列の形成

第7章 分子生物学的微生物相解析技術の問題点

ることになる。rRNA 遺伝子は種間でよく保存された領域を豊富に含むため、これがたまたま異なる種類の遺伝子に結合して伸長反応が起こるとキメラ配列ができあがり、このキメラ配列がさらに増幅されることになる。

このような伸長しきっていない増幅断片は、

① 抽出ゲノム DNA が断片化されている、
② PCR 増幅の伸長時間が足りない、

などの要因で生成すると考えられる。このため、なるべくゲノム DNA が切断されない条件で抽出するとともに、PCR 増幅における伸長反応時間を十分に設定するなどの工夫が必要になる。しかし、必要以上に長い伸長反応時間（3 分以上）は、そのメカニズムは不明であるが、PCR 産物の構成比に対するバイアスの原因となるという報告もあるので、長すぎてもいけないようだ。

キメラ配列形成のもうひとつの原因は、テンプレートスイッチングと呼ばれる現象に由来する（図 7-2）。この現象は、2 種類の PCR 増幅産物から生成されるものであるが、伸長反応時に、テンプレート（鋳型）となる配列がどこかの段階で他の配列に置き換わってしまい（スイッチしてしまい）、そこからの伸長反応は異なるテンプレートをもとに進んでしまう現象である。

この現象では、ヘテロ 2 本鎖から PCR 増幅が行われている際、伸長している鎖同士がどこかでお互いに乗り上げてしまい、異なる 2 種類の配列が融合してしまう場合（図 7-2(1)）、3 本の DNA 鎖によって構成された中途半端なヘテロ 2 本鎖が生成しているときに、伸長反応時に途中で異なる鋳型に乗り上げてしまう場合（図 7-2(2)）など、様々なモデルが考えられる。これらのモデルは、3' 末端がある程度自由に結合と解離を繰り返すような状況下で伸長反応を行うことにより、キメラ形成が頻繁に起こることを意味しているが、このような現象は実際に実験的に確かめられている。すなわち、DNA 鎖の結合と解離が繰り返されるような高い温度で伸長反応を進めることにより、実際にキメラが形成しやすくなる。このようなキメラの形成を完全に回避するのは難しいが、ヘテロ 2 本鎖の形成がその引きがねとなると考えられるため、それを回避することが重要である。このためには、PCR 増幅サイクルを増幅がプラトーに達するまで繰り返さない、あるいは伸長反応の温度を少し低めに設定するなどの工夫が必要である。

(1)
- 1-A
- 1-B ヘテロ2本鎖
- 1-C

(2)
- 2-A 中途半端なヘテロ2本鎖
- 2-B 異なるテンプレートへスイッチ
- 2-C

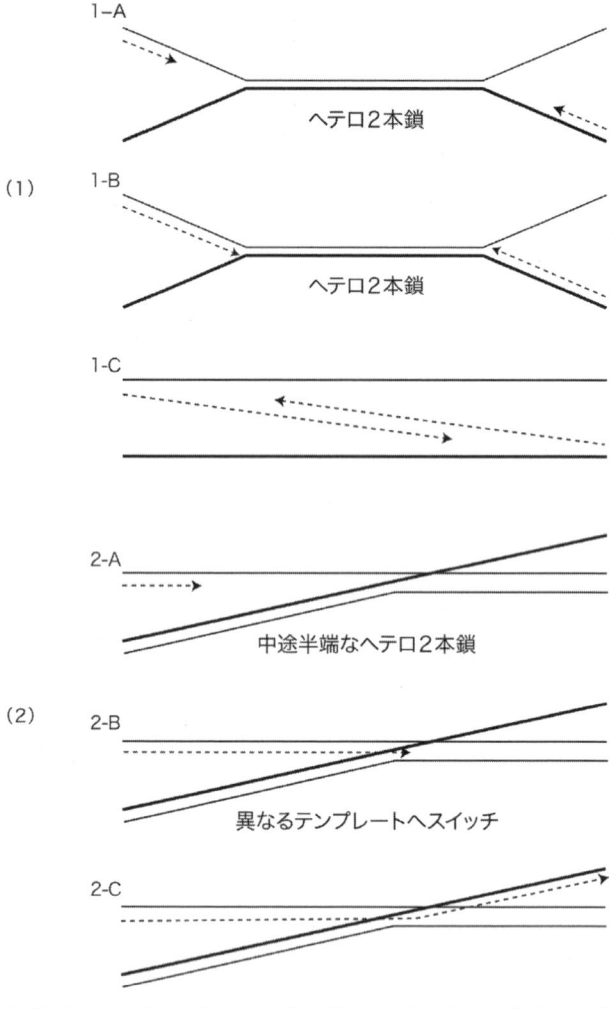

図7-2 テンプレートスイッチングに由来するキメラ配列の形成

　以上のように、PCR増幅では本来あり得ないキメラ配列などが形成されてしまうことから、PCR増幅後に解析された配列が、本来の配列かキメラ配列かどうかを判定することが重要である。このためには、RDP-II のウェブサイトで公開されている CHIMERA_CHECK というサービス、同じくウェブ上で公開されている Bellerophon server を利用することができる。なお、ベ

レロフォンとは神馬ペガサスに乗りキメラなどの怪獣を退治したというギリシア神話の英雄の名前である。また、Pintail というジャバ言語を利用したプログラムも存在する。このソフトでは、判定が難しいキメラの判別や、キメラ以外の様々な配列決定時のエラーの検出に利用できる。また、ARB などの系統解析ソフトを駆使できる方は、Partial Treeing 解析を行ってもよい。この解析では、例えば 1,500 塩基を三等分した部分配列をもとにそれぞれの系統樹を作成する。作成した系統樹の中で、明らかに系統的位置が異なる配列がある場合、それがキメラである可能性が高いことがわかる。

　また、ARB プログラムのエディタ機能では、配列のアライメント後に、推定される 2 次構造を表示することができる。その機能を利用し、ヘリックス部位で塩基間が対を形成しているかを確認することによって、キメラ配列の確認が可能となる場合がある（この機能に慣れると、明らかなキメラ配列はエディタ画面上である程度判別可能になる）。しかしながら、細菌あるいは古細菌で、非常に深いところで分岐している系統のもの同士が融合しキメラとなっている場合は、その判定は非常に難しい。

　なお、現在、非常に多くの 16S rRNA 遺伝子塩基配列がデータベースに登録されているが、その中のかなりの割合、一説には 20 の登録の内ひとつはキメラ配列であったり、何らかのエラーが配列中に入っていたりしているという報告もある。したがって、RDP では、キメラと推定される配列は、データベース中で別にグルーピングされている。

（4）ヘテロ 2 本鎖の生成

　ヘテロ 2 本鎖についてはこれまでも何回か述べてきたが、異なる配列を持つ DNA 鎖が 2 本鎖を形成しているものを指す。もちろん異なる配列間でのハイブリダイゼーションであるので、完全な相補鎖として安定な 2 本鎖を形成しているわけではないが、rRNA 遺伝子のような保存性の高い配列では、異種配列間でヘテロ 2 本鎖を形成することも多い。ヘテロ 2 本鎖は、先にも述べたように PCR 増幅初期の増幅が順調に起こっている間はあまり形成されない。というのは、PCR 増幅産物が少ない間は、増幅産物とプライマーがハイブリダイズしやすいため、相補鎖が正しく伸長することになる。一方、

PCR増幅の後期では、PCR産物が多くなっているのに対して、プライマーが少なくなっていることから、PCR産物同士がハイブリッドを形成しやすくなってしまう。このため、1種類の標的をPCR増幅する場合には何ら問題にならないが、マルチテンプレートPCRでは、ヘテロ2本鎖の生成が問題となってしまう。

このようにしてできたヘテロ2本鎖は、クローンライブラリ法、あるいはDGGEやT-RFLPにおいて大きな問題となる。もしクローンライブラリ法でヘテロ2本鎖がクローン化された場合、組み込まれたヘテロ2本鎖は大腸菌の塩基配列修復システムによりミスマッチ部分が一部分解、修復され、ホモ

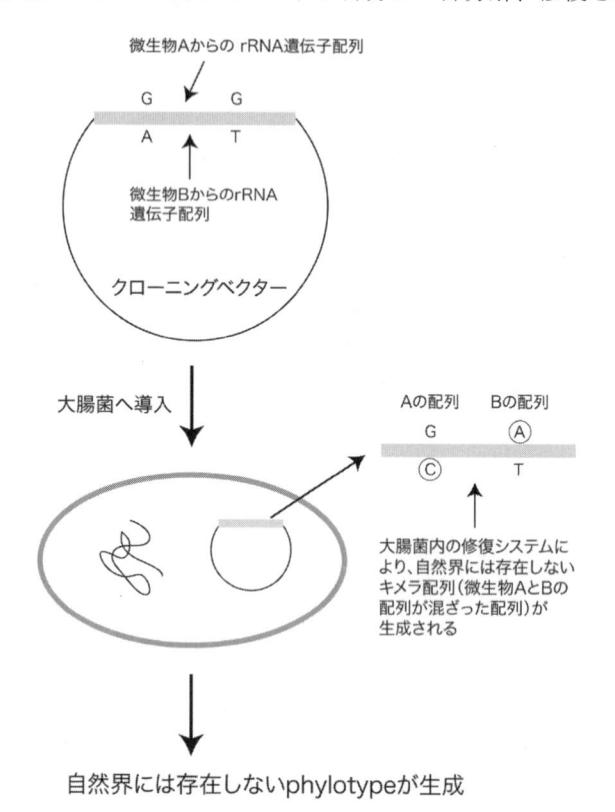

図 7-3　大腸菌の塩基配列修復システム。クローンライブラリ法でミスマッチを含むヘテロ2本鎖がクローン化された場合、ミスマッチ部分が一部分解、修復され、ホモ2本鎖が作られる。

2本鎖が作られる（図7-3）。このような修復システムは多くの生物が持っているもので、突然変異などから生物を守っている。配列の修復には、修復酵素がかかわっているが、この酵素はミスマッチ部分のどちらかの鎖を分解し、残りの鎖に相補的な配列を合成する。しかし、どちらの鎖が分解されるかは完全にランダムであることから、ミスマッチ部分が修復されると、その部分がどちらかの配列に置き換わってしまう。このため、2種の配列が所々に混じった新しい配列が形成され、試料には存在しない配列が大腸菌クローンとして回収されることになる。このような現象は実験的にも確かめられているため、注意が必要である。

DGGE法においてもヘテロ2本鎖形成は問題となる。ヘテロ2本鎖の熱安定性はもともとの配列とは異なるため、DGGEゲル内での解離特性ももとの配列とは異なり、結果としてヘテロ2本鎖はもともとの2本鎖と異なる位置に本来存在しないバンドを形成する。また、RFLPでは、ホモ2本鎖で本来切断されるべき部分が、ヘテロ2本鎖を形成することによってミスマッチとなると、その部位が切断されなくなってしまう現象が知られている（図7-4）。この場合は、本来出現すべき部分にT-RFピークが出現しなくなる。

ヘテロ2本鎖生成を解消する方法としては、1本鎖DNAのみを分解する酵素、T7エンドヌクレアーゼを利用してミスマッチ部分を分解する方法や、リコンディショニングPCR法が提案されている。後者の方法では、PCR産物を10倍程度に希釈し、再度新しいPCR反応溶液でPCR増幅サイクルを数回行う。活性の高いポリメラーゼと豊富なプライマーなどが含まれる新しい反応溶液でPCRを行うことにより、PCR初期のヘテロ2本鎖を含まない状況を再現することができる。基本的には、PCRサイクルをなるべく少なく

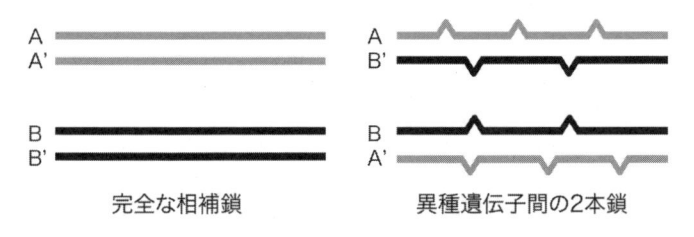

図7-4 ヘテロ2本鎖

することでヘテロ2本鎖生成を抑えることができるが、初期遺伝子のコピー数が少ない場合には無理な話である。そのような場合には、上述の方法を利用することも一考の余地がある。

　PCR 増幅にかかわるバイアスは他にもある。特別な DNA 結合タンパク質が存在し、プライマーがアニールできない、あるいは熱変性時に1本鎖にならないなどの問題も報告されている。また、PCR 増幅中に塩基置換エラーが導入されることも知られており、Taq ポリメラーゼを用いて PCR 増幅を行う場合の塩基置換エラーは、最終産物で 300～500 塩基につき1塩基程度といわれている。このように、PCR 増幅では塩基置換エラーはどうしても入ってくるので、1塩基の違いを議論することは困難である。したがって、微生物の系統分類では、通常 99％以上の相同性を持つ配列を同じ分類系統として取り扱っている。

　また、PCR ドリフトと呼ばれる PCR 初期における増幅開始の確率的変動も、PCR 産物の最終構成比に影響を与える。PCR 初期では標的となるテンプレートが非常に少ない場合が多く、どのテンプレートがどの PCR サイクルで増幅されるかは、プライマーや酵素がいつそのテンプレートにアクセスして複製を開始するかにかかっている。したがって、標的 DNA が少ない場合、この増幅開始のタイミングは単純に確率論的に変動し、たまたま増幅が早くなったテンプレートは多く増幅され、遅くなったテンプレートは増幅が遅れてしまい、最終的な PCR 産物の構成比に影響を与えることになる。このような偶発的に発生する PCR 増幅時のバイアスに関しては、複数の PCR 反応を行い、これを混合して用いることによって、次の解析に対する影響をある程度改善することができる。

　以上、PCR 増幅時の問題点を列挙してきたが、個々の問題点に対する対処はそれぞれの項目を参照していただきたい。この中で、基本的に重要なことは、PCR サイクル数をなるべく少なく抑えることが、種々の問題点の解決に有効であるということである。この他、繰り返しになるが、変性ステップからアニーリングステップに移行する際になるべく速く温度を低下させる、3分以上の長い伸長反応を控える、リコンディショニング PCR を行う、Taq ポリメラーゼによるエラーを考慮し、クローンライブラリ法などでは 99％以

上の相同性を持つ配列を同一ファイロタイプとして扱う、などが PCR 増幅時の問題点を解決するために有効である。

7.3 それ以外の問題点

　微生物相解析にかかわる様々な問題点を列挙してきたが、基本的な問題に立ち返ってみると、何を指標として微生物を計測するかということに行き当たる。微生物を計測する場合、細胞数か、ゲノム数か、rRNA 量か、rRNA 遺伝子数かで評価の意味合いが変わってくる。例えば、単に細胞数といった場合には、生細胞のみか、休止細胞、死細胞も含めるのかが不明である。

　新しい微生物相解析技術は、rRNA 遺伝子の塩基配列とそのコピー数に基づいているが、コピー数に基づいて特定の微生物を定量し、他の微生物と比較する場合、ゲノム DNA 当たりのコピー数をどのように考えるかという大きな問題がある。ゲノム DNA に存在する rrn オペロンは、先に述べたとおり Mycoplasma pneumoniae（マイコプラズマ・ニューモニエ）のように1コピーしか持たないものから、Clostridium paradoxum（クロストリジューム・パラドクサム）のように 15 コピーもの rrn オペロンを持つものまで存在する。したがって、同じ rRNA 遺伝子を標的にしたとしても、両者の微生物間ではゲノムベースで 15 倍もの差が出てしまう。現在のところ、すべての微生物についてこのコピー数が判明しているわけではないので、コピー数が不明な微生物についてはこの誤差を補正する有力な方法はない。

　なぜ多くの微生物間で rrn オペロンのコピー数が異なるのだろうか。よくいわれる説のひとつは、rrn オペロンのコピー数と増殖速度が相関しているというものである。微生物が高速で増殖するには自分自身の構造を作り上げるため、タンパク質を高速で合成しなければならない。そのためにはタンパク質合成工場であるリボソームが大量に必要だという説である。例えば、1コピーの rrn オペロンでは大腸菌の最大増殖速度を支えるだけのリボソームを供給できないという計算もされている。しかしながら、数コピーの rrn オペロンしか持たないにもかかわらず増殖速度の早い微生物がいるなど、どうもそれだけでは説明できないケースもある。最近の研究では、どうやら環境

変動に適応するための戦略に関係しているらしいことが明らかになりつつある。

微生物を取り巻く環境は多様であり、しかも時間的な環境変動も大きい。したがって、このような環境変動に微生物自身が最適に対応していくために、リボソームの数を調整する必要があるため、複数の *rrn* オペロンを持っているのではないかと考えられている。例えば、基質が十分にあるような条件や低栄養条件などの環境変動に対し、微生物が複数の *rrn* オペロンを持っていればその転写をコントロールすることにより、変動する環境に応じた最も効率のよいリボソーム合成速度に調節することが可能になる。なお、*rrn* オペロンのコピー数に関しては、そのデータベースが公表されており（http://ribosome.mmg.msu.edu/rrndb/）、700以上（2008年1月時点）の細菌、古細菌の *rrn* オペロンのコピー数を知ることができる。

rRNA 遺伝子配列によって微生物を同定する場合には、*rrn* オペロン間の配列の相違にも注意しなければならない。大腸菌には7つの *rrn* オペロンのコピーが知られているが、その内のいくつかは他のものと比べて配列が異なっている。しかし、その配列の相違は1％以下である。現在まで調べられている多くの細菌、古細菌では、16S rRNA 遺伝子のコピー間の相違は全くないか、あるいはあったとしても大腸菌のように1％以下の相違であることが明らかにされている。しかしながら例外もあり、*Desulfotomaculum kuznestovii*（デスルフォトマキュラム・クズネストビアイ）（コピー間で8.3％の相違）、*Thermobispora bispora*（サーモビスポラ・ビスポラ）（同6.4％の相違）などの細菌のように、明らかに異なる16S rRNA 遺伝子のコピーを有するものもある。このくらい離れた配列がクローン解析などでファイロタイプとして別々に検出されると、通常別種、あるいは別属と判断されることになる。また、*Thermoanaerobacter tengcongensis*（サーモアナエロバクター・テンコンジェンシス）という細菌は4つの16S rRNA 遺伝子のコピーを有しているが、その内のひとつは他に比べて11.6％もの違いがある。

これら配列の異なる rRNA 遺伝子は本来の機能を失った遺伝子、偽遺伝子ではないかとも考えられている。もしそうであるならば、機能を失った遺伝子は変異しても致死的ではないため、変異をそのまま蓄積しやすく、最終的

に配列が他のコピーと大きく違ってきてしまうこともうなずける。しかしながら、*Thermoanaerobacter tengcongensis* のケースを含め、これらの遺伝子産物はその2次構造がよく保存されており、rRNAの機能を失っているという証拠は見いだされていない。このような例はあくまで例外的なものであり、解析においてそれほど神経質になる必要はないと思われるが、少なくとも頭のどこかには置いておきたいものである。

7.4　本当に16S rRNA遺伝子でよいのか？

　微生物相の分子系統解析、特定微生物の定量解析において、はたしてrRNA遺伝子は本当に適切な分子マーカーなのかという、より根源的な疑問に立ち返ってみよう。分子系統解析に利用できる遺伝子には、いくつかの条件が必要であることは先に述べた。その中には、基本的には水平伝播しないという大前提が含まれる。化学物質分解、抗生物質耐性などにかかわる遺伝子のような追加機能的な遺伝子群は、異種微生物間で水平伝播が起こっていることが明らかにされているが、生命活動の根本にかかわる遺伝子群、例えば遺伝子の転写や翻訳にかかわる遺伝子群では水平伝播は起こりにくいといわれている。

　このような観点からrRNA遺伝子を眺めてみると、rRNAは、リボソーム構成タンパク質など他の多くの分子と複雑に関連しながらリボソームとしての機能を支えているリボソームの構造分子であり、生命活動の根本にかかわる遺伝子であるということができる。すなわち、rRNA遺伝子は、他の系統的に大きく離れた生物に水平伝播したとしても、リボソーム構成タンパク質など他の多くの分子と機能的な連携ができないため、伝播した細胞内で本来の機能を発揮できないものと考えられている。このような考え方は、異種間での遺伝子の水平伝播に関する"complexity 仮説"と呼ばれている。一方、*Thermoanaerobacter tengcongensis* の極端に異なる16S rRNA遺伝子間の配列の相違は、おそらく異種微生物から *rrn* オペロンが水平伝播し、たまたま保持された例だと考えられているが、このような例はあまり報告されていない。

rRNA遺伝子以外にもいくつかの遺伝子が微生物の分子系統解析に用いられている。16S rRNA遺伝子はかなり進化速度の遅い遺伝子であるため、全生物種を広く総合的に解析するために適しているが、種間、あるいは株間といった近縁の微生物を比較するのにはあまり向いていない。したがって、近縁の微生物を比較する場合には、rRNA遺伝子よりも進化速度（変化速度）の速い遺伝子や配列が利用される。例えば、DNAの複製時にゲノムDNAの2本鎖をほどく酵素であるDNAジャイレースの遺伝子や、16S rRNA遺伝子と23S rRNA遺伝子の間のスペーサー領域（ITS：Internal Transcribed Spacer region）などが、種間、株間の系統解析や検出によく利用される。

また、系統解析ではなく、特定微生物の検出という目的では機能遺伝子を利用することも多い。例えば、アンモニア酸化細菌を検出するためにアンモニア酸化酵素の遺伝子を標的とする、メタン生成古細菌を検出するためにメタン生成経路のひとつのステップを担うメチルCoM還元酵素の遺伝子を利用する、あるいは硫酸還元細菌を標的とするために、硫酸還元にかかわるいくつかの酵素をコードした遺伝子を利用する、といった具合である。この方法は、特定機能を有する微生物群の検出や、複合微生物系の機能評価にすでに広く活用されている。しかしながら、微生物の多様性、それに伴う機能遺伝子の多様性の全容は、いまだ明らかにされるまでには至っていない。このため、現在まで知られている機能遺伝子の配列をもとにPCRプライマーを作製したとしても、それが対象とする機能遺伝子を網羅しているとは限らないことに注意すべきである。

上述の遺伝子以外にも、ゲノム解析結果を利用した大規模な系統解析研究も実施されている。これは、ゲノム解析が終了した191種の生物のゲノム情報を利用し、水平伝播が想定される遺伝子群を除外した31の遺伝子ファミリーをもとに塩基配列を収集し、さらに塩基配列からアミノ酸配列（全体で8,090残基のアミノ酸配列）を推定し、それを利用した分子系統解析研究であるが、その結果はrRNA遺伝子配列で作成した系統樹と大きな差異がないことが明らかにされている。また、その他の生命維持にかかわる基本的な遺伝子群の塩基配列を利用し、生物全体の系統樹を作成する試みも広く行われているが、現在のところrRNA遺伝子による分子系統解析の結果を大きく覆

すような事実は得られていない。少し専門的になりすぎるが、上述の解析では、細菌の *Acidobacteria*（アシドバクテリア）門が *Deltaproteobacteria*（デルタプロテオバクテリア）綱の姉妹群である可能性や、古細菌の *Nanoarchaeota* 門が *Crenarchaeaota* 門の姉妹群である可能性などが指摘されている。このような分類系統の再整理は、今後ゲノム解析がさらに進行し、そのデータの蓄積が図られることにより、詳細に議論されていくと思われる。

以上、rRNA 遺伝子を用いた分子系統解析、特定微生物の定量解析手法の利点あるいは問題点について詳細に述べてきた。rRNA 遺伝子を用いた手法は、大規模なゲノム解析情報を利用した他の解析手法と比べても、また、特定の機能性遺伝子を用いた手法と比較しても、大きなズレがなく、しかもすでにデータベースが整備されている。この点から判断して、rRNA 遺伝子を用いた解析手法は、完璧ではないにしても現在使用可能な最も優れた手法であるといえる。

7.5 分子系統解析からはそれぞれの微生物群が持つ機能はわからない

本章の最後に取り上げたい問題は、rRNA 遺伝子配列データによる微生物の分子系統解析は優れた手法ではあるが、生物の機能を直接明らかにすることはできないという根本的な弱点である。rRNA 遺伝子による微生物の同定と系統解析により、その配列を有する微生物の系統分類的位置やその属する分類群を推定することはできる。また、属する分類群から、ある程度の機能を間接的に推定することも可能である。例えば、16S rRNA 遺伝子がメタン生成古細菌群で構成される分類群に属する微生物であれば、その配列を持つ微生物はかなり高い可能性でメタン生成古細菌であると推定できる。しかし、たとえその微生物が属する分類群が特定の生理学的機能を共有する微生物種によって構成されたとしても、新たに解析された微生物がすでに明らかにされている機能既知の微生物群と同じ機能を有している保証は厳密にいえばどこにもない。すなわち、機能既知の分類群とは全く違う機能を示すこともあり得るのである。

例えば、環境からクローン化されたある種の配列群は、*Firmicutes* 門、硫酸還元細菌の中の単系統群に属するため、そのクローンは硫酸還元細菌であると長く考えられてきたケースがある。しかし、最近その配列を持つ細菌が実際に分離され、その生理学的特徴が調べられたところ硫酸還元能を示さなかった、といった例は結構報告されている。したがって、rRNA 遺伝子による分類系統からその微生物の機能を推定する上では細心の注意が必要となる。話は rRNA 遺伝子から離れるが、機能遺伝子を標的とした場合でも、得られた配列が既知の機能にかかわる配列かどうかは、必ずしも明らかではないことにも注意すべきである。偽遺伝子である場合や、重要な配列が保存されているため機能しているように見えても、実は期待されるような機能を実際には示さない例もかなりある。

機能が明らかになっている微生物群に近縁なクローンは、例外はあるもののある程度機能予測も可能であるが、環境クローンのみからなるまだ分離株が得られていない微生物群の rRNA 遺伝子配列については、系統的な位置からだけではその機能を予測することができない。実際に分離株が得られていない、すなわち生理学的な特性が明らかにされていないクローン群に属する微生物の機能は、どのようにして推定したらよいのであろうか。実はこの問いこそが現在の微生物生態学の中心的な関心であり、最大の挑戦課題のひとつでもある。様々な環境から取得される多様な rRNA 遺伝子が、どのような機能を持った微生物に由来するのか、その疑問を明らかにする手法についても開発が進められている。そこで次章では、分離培養を介さずに、rRNA 遺伝子をもとにした系統と機能を関連づけるための新しい技術について詳しく述べたい。

第8章

未培養微生物群の機能解析のためのアプローチ

　前章では、主にrRNA遺伝子によって微生物を解析・検出する方法の概要と、その問題点について述べてきた。この手法は現在利用できる最も優れた手法ではあるものの、その最大の問題点は、個々の微生物が持つ機能を推定することが困難であり、微生物学をさらに進めていく上でのボトルネックとなっていることである。微生物生態学において最も基本的な問いは、その対象とする環境中に
　① どのような微生物が（Who？）、
　② どれくらいの量存在し（How many？）、
　③ それらは何ができる生物なのか（What can they do？）、
　④ それらは環境中で実際に何をしているのか（What are they doing？）、
という問いである。
　目で直接観察することができる動・植物であれば、それぞれを調べることはそれほど難しくはないかもしれない。しかしながら、直接目で見ることができない微生物に関して、上述の問いに答えることはかなり困難なものになる。最初の2つの問いは、すでにこれまで述べてきた方法で、ある程度調べることができることを理解していただけたと思うが、後者の2つの問いに答えるのは難しい。③の何ができるかを知るには、繰り返し述べてきたように、目的とする微生物を純粋に分離・培養して機能を調べるのが最も優れている。しかし、環境中には培養できない微生物が多く存在することから、この方法

には自ずと限界がある。したがって、未知の微生物群の機能を明らかにするためには、培養できない微生物群の機能を推定する、言い換えると微生物の機能を分離培養せずに推定する新規な手法の確立が必要不可欠となる。

このため、すでに様々な手法が開発され、利用されるようになってきている。基本的には、rRNA遺伝子配列すなわち微生物の系統分類と、その配列を持つ微生物の機能をいかにリンクさせるかということが手法の根幹となっている。その手法を大別すると、対象とする微生物の基質取り込み能や、基質資化能を分離培養せずに観察する方法、対象とする生物の機能遺伝子を中心としたゲノム情報に着目する方法があげられる。以下のMAR-FISH法やSIP法などは前者、機能遺伝子あるいはその転写産物であるmRNAの検出、さらには近年急速に進展しつつあるメタゲノム解析などは後者に属する手法である。以下にそれぞれの方法について詳細に説明したい。

8.1 MAR-FISH 法

MAR-FISH（Micro-Auto-Radiography-Fluorescent In Situ Hybridization）法は、放射性同位元素で標識した基質を利用した方法である。添加した基質を利用できる微生物は、その基質を細胞内に取り込むことができるため、取り込まれたかどうかは放射性同位元素の取り込みによって評価することができる。具体的には、解析対象となる特定の微生物が含まれる試料に、放射性同位元素で標識した基質を添加し、短時間の培養を行うことでその基質を微生物細胞に取り込ませる。その後、反応を停止させ、まず標的微生物のrRNAを特異的なFISHプローブによって特異的に蛍光標識する。次に、同視野で放射性同位元素からの放射線を視覚化するため、マイクロオートラジオグラフィー用のエマルジョンフィルムを滴下し露光する。その後この試料を顕微鏡で観察することによって、rRNA由来の蛍光からその系統分類を、放射活性から基質の取り込みを評価することができる（図8-1）。

この方法で利用できる放射性同位元素は、水素（^{3}H）、炭素（^{14}C）、リン（^{32}P）など様々であり、放射性同位元素で標識された基質として利用可能な化合物も多種販売されている。本法は、解析対象である未培養微生物群の機

第 8 章　未培養微生物群の機能解析のためのアプローチ

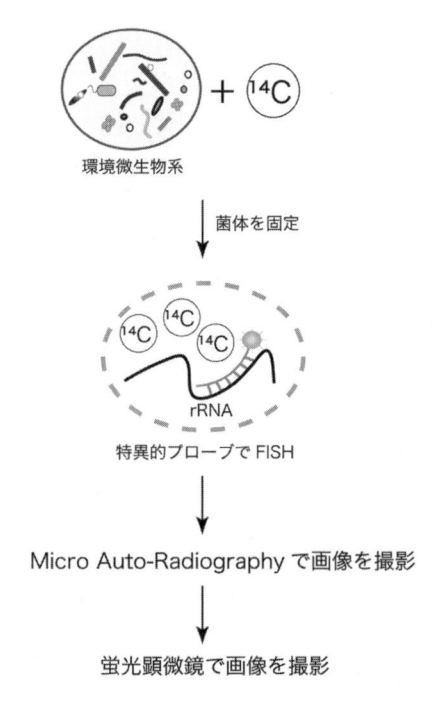

図 8-1　MAR-FISH (Micro-Auto-Radiography-Fluorescent In Situ Hybridization) 法。放射性同位元素で標識した基質を添加し、オートラジオグラフィーからその取り込みを評価するとともに、FISH 画像から分類系統を評価することにより、分類系統と機能をリンクすることができる。

能を明らかにする上で非常に強力な方法であり、すでに様々な種類の微生物群に適用されている。例えば、海洋性細菌や活性汚泥、温泉バイオマットなどに MAR-FISH などを適用した例は、現在（2005 年）までに 30 例以上報告されている。本手法により、様々な未培養細菌あるいは古細菌の機能が推定されてきている。

　放射性同位元素を利用した解析法としては Isotope array という方法も提案されている。本手法では、複合系に生息する多数の微生物を同時に解析するために、解析すべき微生物の rRNA プローブがあらかじめ多数配列された DNA マイクロアレイを利用する。まず解析すべき複合微生物試料に放射性同位元素を含む基質を加えて培養し、放射性同位元素を rRNA に取り込ませ

た後全 RNA を抽出する。次に抽出した全 RNA を蛍光色素でラベル化し、ラベル化した RNA を解析すべき rRNA 標的プローブが多数配列された DNA マイクロアレイにハイブリダイズさせる。各スポットの蛍光シグナルを測定することにより、解析対象の複合微生物系にどのような分類群の微生物がどのくらい存在するかを評価することができる。一方、各スポットからの放射線をイメージスキャナで取り込むことにより、添加した基質をどの微生物がどのくらい利用したかを同時に調べることができる。この方法はまだ実用の段階には至っていないが、多種の微生物の検出・定量と機能の調査を一度にできるため、今後の開発に期待したい。

MAR-FISH あるいは Isotope array 法の弱点としては、

① 放射性同位元素の取り扱いが面倒である、
② 半減期の短い同位元素を利用する場合には、減衰してしまうため、実験のたびに培地を調整する必要がある、
③ 実験上最適な培養時間をあらかじめ決定しておく必要がある、
④ 代謝産物にも放射性同位元素がラベルされてしまうため、他の微生物による2次的な取り込みも誤差の要因となる、

などが挙げられる。これらの問題を回避するのは困難であることから、適用できる範囲を理解した上で使用することが重要である。

また、短時間の培養を行って、基質の取り込みから機能を推定する方法としては、CTC（5-Cyano-2,3-ditolyl-2H-tetrazolium chloride）による呼吸活性の評価法がある。CTC は細胞の呼吸による電子伝達系で還元され、CTC ホルマザンを生成するが、この物質は蛍光を発するとともに不溶性であることから、細胞中に蓄積するとともに蛍光観察することができる。したがって、CTC ホルマザン由来の蛍光強度から呼吸活性の強弱を蛍光顕微鏡下で識別することができる。

この方法を利用することにより、特定の基質存在下での個々の微生物細胞の呼吸活性を評価することができるが、同時に FISH 法で rRNA を検出することにより、機能と rRNA 配列をリンクさせることができる。この方法は、MAR-FISH 法に比べ簡便であり、放射性同位元素も使わないので安全であるが、呼吸活性で評価しているため、特定基質に由来する呼吸以外もバック

グラウンドとして出てきてしまう。また、酸素呼吸を行う好気性細菌など限られた微生物群にしか適用できないなどの制約もある。

8.2 SIP 法

放射性同位体を利用することにより、微生物の分類系統と基質取り込みをリンクさせることができることを説明してきたが、安定同位体を利用した手法、SIP（Stable Isotope Probing）法でもそれが可能である。SIP 法では、放射性同位元素で標識した基質の代わりに窒素や炭素の安定同位体（^{15}N、^{13}C）で標識した基質を利用する。安定同位体はその名のとおり崩壊しない安定な質量の異なる元素（同位体）であり、扱いは放射性同位体に比較して簡便である。MAR-FISH 法と同じく、標識した化合物を基質として取り込ませるが、この方法では単に基質の取り込みを見るのではなく、核酸に取り込まれるまで培養を行う。取り込まれた安定同位体は、微生物の増殖により菌体中の核酸、タンパク質、あるいは脂肪酸などに取り込まれることから、取り込んだ細胞は、通常の細胞よりもその同位体比に応じて重くなる（^{12}C よりも ^{13}C のほうが質量は大きい）。その質量の違いを利用する方法が SIP 法である。

DNA への安定同位体の取り込みを見る方法が DNA-SIP 法、RNA（mRNA や rRNA）への取り込みを見るのが RNA-SIP 法である。DNA-SIP 法では、複合微生物試料に安定同位体で標識された基質を添加して培養した後、ゲノム DNA を抽出し、超遠心機により質量分画を行い、重い DNA と軽い DNA を分画する（図 8-2）。その後、分画した DNA から rRNA 遺伝子や機能遺伝子を PCR で増幅し、それぞれを解析することにより、添加した基質を利用することができる安定同位体で標識された微生物や、利用することができない微生物を評価することができる。

例えば、エタノールの炭素のどれかを安定同位体で標識して土壌試料に添加し、一定時間培養後、DNA を抽出し、超遠心機による質量分画によって重い DNA 画分と軽い DNA 画分に分画する。次に、分画した DNA を用いて rRNA 遺伝子を増幅することにより、クローンライブラリ法や DGGE 法な

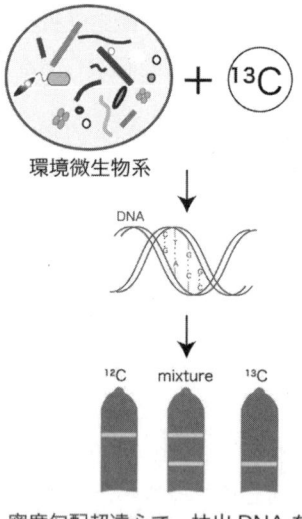

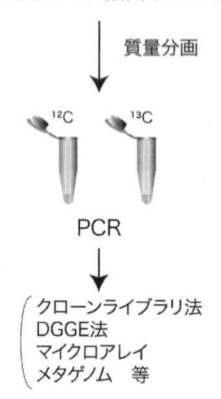

図 8-2 SIP（Stable Isotope Probing）法。安定同位体で標識した化合物を基質として取り込ませることにより、核酸を安定同位体で標識する。次にこの標識された核酸を質量分画し系統解析することにより、機能と分類系統をリンクすることができる。

どの適用が可能になる。重い DNA 画分は、エタノールを資化した微生物群由来の rRNA 遺伝子であり、軽い DNA 画分はエタノールの資化能を持たない微生物群ということになる。このような方法により、系統と機能をリンクすることができる。

　本手法で得られた DNA 画分を利用することにより、rRNA 遺伝子のクロ

ーンライブラリ作製やDGGE解析、DNAマイクロアレイへの適用が可能になる。また、rRNA遺伝子や各種機能遺伝子の定量PCRによる解析にも利用できるし、得られたゲノムをそのまま解析するメタゲノム解析（後述）にも応用できる。これまでに、^{13}C-メタンを基質とした土壌中メタン資化性細菌の検出、^{13}C-メタノールを用いた水田底泥や廃水処理汚泥中のメチロトローフの検出、^{13}C-二酸化炭素による水田土壌中のメタン生成古細菌の検出、^{13}C-ナフタレンなどを用いた難分解性芳香族化合物分解菌の検出、などに活用されている。

RNAはDNAよりも速い速度で細胞内での分解と生成が繰り返されている。このため、安定同位元素で標識されたRNAを利用するRNA-SIP法では、DNAをターゲットにしたDNA-SIP法に比較し、より迅速な評価が可能となる。したがって、増殖速度が遅い微生物を対象とする場合や、添加した基質の代謝産物に由来する2次的な取り込みを回避するために、なるべく培養時間を短くすませたい場合に、その有効性を発揮できる。

本手法においても、DNA-SIP法と同じように、得られたRNAを引き続き様々な解析に利用することができる。これまで、標識rRNAによる解析事例として、^{13}C-メタンによるメタン資化性細菌、^{13}C-二酸化炭素によるメタン生成古細菌、^{13}C-プロピオン酸による嫌気性プロピオン酸酸化共生細菌の検出などがあげられる。また、フェノール、塩素化フェノール分解微生物の同定などにも利用されている。

また本手法は、核酸以外の菌体構成成分、例えば脂肪酸への取り込みの解析などにも利用される。脂肪酸は、細菌あるいは古細菌の分類群の違いによって特徴的な種類のものを持っているとともに、その種類の構成比も異なっており、重要な化学分類指標とされている。この脂肪酸を、ガスクロマトグラフ（GC）で分離し、燃焼（C）させた後、安定同位体比を質量分析計（IRMS）で測定する装置（GC/C/IRMS）を用い分析することによって様々な情報が得られる。また、微生物細胞そのものへの安定同位体の取り込みを、Raman顕微鏡やSIMS（Secondary Ion Mass-Spectrometry）顕微鏡を利用して細胞レベルで評価することもできる。このような手法を、実際の微生物生態系解析に利用するための研究の進展が期待される。

8.3 in situ での遺伝子・mRNA 検出

　細胞内に入った状態のゲノム上の特定機能遺伝子、もしくはそれが転写された RNA（mRNA）を検出することが可能になれば、FISH 法による分子系統解析法と組み合わせることにより、個々の微生物の機能と分類情報を細胞レベルでリンクさせることが可能になる。しかしながら、細胞内に多量に存在する rRNA をターゲットとした FISH 法は高感度であるものの、通常の遺伝子あるいは mRNA は細胞内でのコピー数が少ないため、特異的な蛍光プローブで標識しても、標識された細胞の蛍光を直接検出することはできない。このため、特定の機能遺伝子などを細胞レベルで観察するには、ターゲットとなる遺伝子を細胞内で増幅して観察しなければならない。

　蛍光シグナルそのものを増幅する方法には、西洋わさび大根のパーオキシダーゼ（HRP : HorseRadish Peroxidase）で修飾されたプローブを利用し、蛍光標識されたチラミドを酸化して細胞に集積させる TSA（Tyramide Signal Amplification）法などを利用した CARD-FISH（Catalyzed Reporter Deposition-FISH）法（図 8-3）が開発されている。また、細胞内標的 DNA そのものを PCR 増幅する in situ PCR 法がある。この方法では、固定化した微生物細胞に、蛍光標識した PCR プライマーあるいは蛍光標識したヌクレオチドを加え、DNA ポリメラーゼの反応を利用して、微生物細胞内の DNA

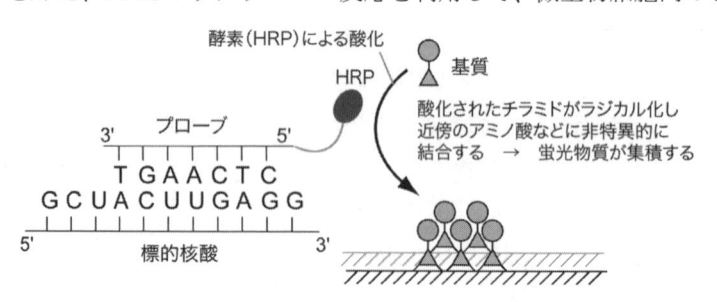

図 8-3　CARD-FISH（Catalyzed Reporter Deposition-FISH）法。西洋わさび大根のパーオキシダーゼで修飾されたプローブを利用し、蛍光標識されたチラミドを酸化して細胞に集積させる方法などを利用することにより、蛍光シグナルそのものを増幅することができる。

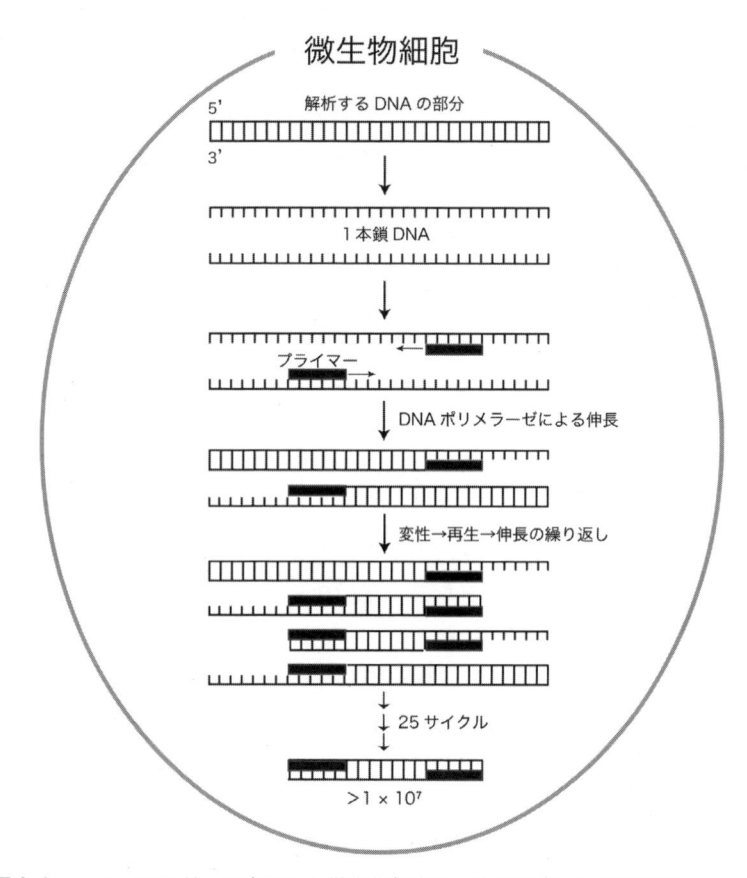

第 8 章 未培養微生物群の機能解析のためのアプローチ

（図中ラベル）
微生物細胞
5'　解析するDNAの部分
3'
↓
1本鎖DNA
↓
プライマー
↓ DNAポリメラーゼによる伸長
↓ 変性→再生→伸長の繰り返し
↓ 25 サイクル
>1 × 10^7

図 8-4 in situ PCR 法。固定化した微生物細胞に、蛍光標識した PCR プライマーあるいは蛍光標識したヌクレオチドを加え、DNA ポリメラーゼの反応を利用して、微生物細胞内の DNA を直接 PCR 増幅し、蛍光観察しやすくする方法。

を直接 PCR 増幅することを特徴としている（図 8-4）。

　いずれの方法も、rRNA を標的とした FISH 法と比較して、分子量が極めて大きな酵素タンパク質そのものを細胞内に入れなければならないことが問題となる。例えば、TSA であればチラミドを触媒する酵素を、また in situ PCR 法では DNA ポリメラーゼを、活性を保持したまま細胞内に入れることができなければ増幅反応が起こらない。したがって、試料の前処理、例えば、細胞壁に処理を行い分子量の大きな酵素タンパクの細胞透過性を向上させ

る、などに特別な工夫が必須となる。このような処理は、標的とする微生物種によって細胞壁の強度が異なるため、それぞれについて最適な条件を設定する必要があるなど難しい面もあるが、本法を適用することによって、特定細胞の特定機能遺伝子を視覚化することができる。広く利用されているrRNAを標的としたFISH法では、分子量の比較的小さい蛍光標識オリゴDNAプローブを用いるため、上記の点で有利である。

標的そのものを増幅したり、シグナルを増幅したりする方法を利用して、特定の機能を持つ微生物の視覚化や、顕微鏡下での検出・定量が可能となるが、さらに、これらの方法とrRNAを標的としたFISH法を同時に用いることで、機能情報と系統分類情報とのリンクが可能となる。具体的には、rRNAを標的とするプローブの蛍光色素と、機能遺伝子を検出する蛍光色素の蛍光波長を異なるものにしておくことにより、それぞれの蛍光を同一視野で区別して観察できることになる。仮に両方の蛍光シグナルを発している微生物細胞が確認できれば、特定の機能を有する微生物細胞が分類学的にどの系統分類群に属するかがわかることになる。

もちろん、先に述べたように、機能遺伝子の塩基配列の検出そのものが表現型としての機能を直接証明しているわけではないが、一般的には、機能との対応関係が成り立つものと想定できる。このような方法を駆使することにより、未知微生物の機能の一端を垣間見ることができるようなってきたが、汎用的な技術となるまでにはまだまだ時間がかかりそうである。

8.4 メタゲノムアプローチ

現在（2008年1月時点）、様々な純粋培養微生物のゲノム解析が進められ、すでに、解析が終了した微生物は650株以上、解析が進行中の微生物は約2,000株以上にも上っている。一方、これと平行して、未知微生物も含め多種多様な微生物が生息する環境のゲノムDNAを、まるごと配列決定する試みが始まっている。このような解析法は、メタゲノム解析あるいはe-ゲノム解析（e：環境）などと呼ばれている。

通常の細菌や古細菌のゲノムは、数メガ程度の塩基から構成されているこ

第8章 未培養微生物群の機能解析のためのアプローチ

とから、そのゲノム解析を行う場合、想定される塩基数の 10 倍程度をショットガンシーケンスで読むことにより全塩基長の決定が可能になる。しかし、微生物集団の全ゲノムを直接解析する場合には、微生物集団に含まれる微生物種の数に応じて、分離菌のゲノム解析の何十倍、何百倍、何千倍といった塩基配列解析が必要となる。つい数年前まではこのようなことは不可能であったが、遺伝子配列解析システムの進歩によって、現在ではそれほど困難なことではなくなりつつある。

環境から抽出されたゲノムをもとにして得られる個々の塩基配列は、それぞれが各種の微生物から別々に由来する塩基配列であり、極めて多様であることは想像に難くない。しかしながら、得られる膨大な情報を、現在急速に進んできているバイオインフォマティクス技術を駆使することによって解析すれば、その環境に生息する微生物の概要を遺伝子レベルで捉えることも可能になる。少なくとも、解析データの中から rRNA 遺伝子の塩基配列を探し出すことにより、その環境試料は何種類の微生物から構成されるか、また、その構成比はどのようになっているのかといったことは簡単に解析できる。

また、機能遺伝子に着目して解析すれば、その環境に生息する個々の微生物が持っている機能を推定できるのみならず、その環境の各種の微生物がどのようなかかわり合いを持っているかについても何らかの情報を得ることができる。このようなメタゲノム解析方法は、ヒトゲノム解析で有名な米国のクレイグ・ベンターによって、サルガッソウ海域の微生物生態系解明に利用されたのが始まりとなり、塩基配列解析スピードの向上とともに、より一般的に用いられるようになりつつある。

さらに、特定環境の微生物全体を理解するという方向とは異なり、有用な遺伝子資源を探索するという観点からメタゲノム解析を行う流れもある。産業利用上有用な酵素などを取得する場合、これまでは、自然界から直接、あるいは特定の培地で集積培養を行った後、目的とする酵素活性を有する微生物を、純粋分離する手法が一般的であった。純粋分離された微生物はそのまま生産に使われる場合もあれば、変異を加えることによってさらに生産性を改善した後に利用される場合もある。また、酵素をコードする遺伝子をクローニングした後、大腸菌に形質転換し、形質転換した組換え大腸菌を利用す

ることにより、さらに酵素の生産性を上げることもできる。組換え大腸菌を利用するなどの組換え手法を利用するもうひとつの利点は、得られた酵素遺伝子そのものに人工的変異を与え、熱安定性、温度特性、pH 特性といった酵素の特性そのものを改良することができるという点である。

しかしながら、得られた酵素の改良を重ねても、その酵素の基本的な特性を大幅に変えることには限界がある。このため、純粋分離培養微生物のみならず、これまでには分離されたことがない、圧倒的に多様な未分離微生物群を対象として有用遺伝子を探索する、メタゲノムアプローチが試みられている。

メタゲノムアプローチによる新規遺伝子資源の探索（図 8-5）は、先ほど

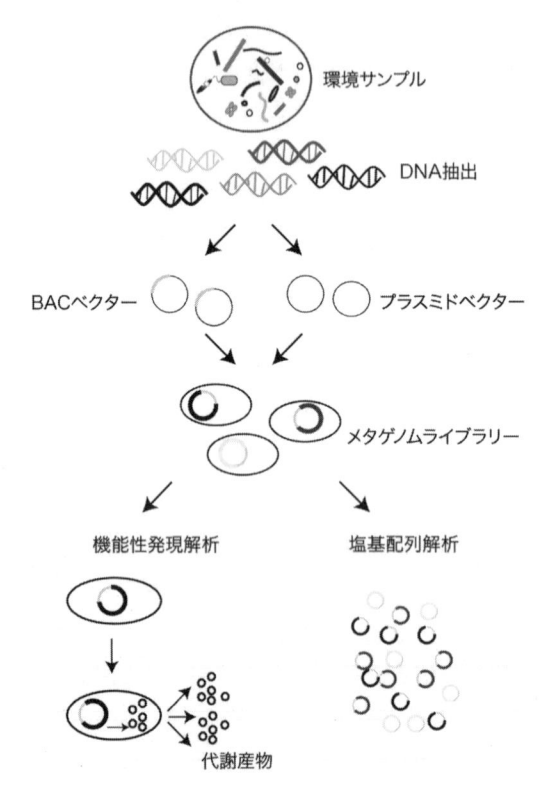

図 8-5　メタゲノムアプローチによる新規遺伝子資源の探索。機能発現に基づいた探索手法と塩基配列に基づいた探索手法がある。

説明した微生物生態系解明を目的としたメタゲノム手法とほぼ同じ手法を用いるが、単に解析を目的とするのみでなく、最終的には有用遺伝子そのものを取得する必要がある。このため、得られた DNA 断片をクローニングするときに工夫が必要になる。単に塩基配列を解析するのが目的であれば、抽出した DNA を通常のプラスミドにショットガンクローニングすればよいが、通常のプラスミドに挿入できる塩基数は数 kb 程度の長さであり、遺伝子の全長をクローニングすることが困難な場合が多い。このため、活性を持った遺伝子の全長を取得したい場合には、数十 kb の長い DNA 断片を挿入できる、コスミドベクターやフォスミドベクターといった特殊なベクターを利用する。場合によってはさらに長い DNA 断片を挿入できるバクミドベクターも利用される。

　このようなベクターを利用することにより、酵素遺伝子などの有用遺伝子の全長をクローニングできるし、場合によっては関連遺伝子群をオペロン単位で取得することもできる。実際に有用遺伝子を探索する場合には、使用するベクターにランダムに DNA 断片を挿入した多数のライブラリを作製し、このライブラリから実際に酵素機能を発現させて活性のある遺伝子を探索する方法や、これまでに知られている酵素の遺伝子配列から、特定酵素遺伝子を増幅するための PCR プライマーをデザインして、PCR 法で増幅することにより探索する方法、さらにはインサートの配列をすべて解析して、配列情報から機能を推定し、必要な機能遺伝子を切り出して利用する方法などがある。

　以上、微生物相解析とは少し話がそれてしまったが、塩基配列解析速度の猛烈な進歩とバイオインフォマティクス技術の進展により、これまでには考えられなかったような大規模な解析が可能になりつつある。

8.5　難培養性微生物を培養する

　以上、未培養微生物の機能を推定するための最新の研究手法について述べてきた。しかしながら、これらの手法はいずれも間接的な機能推定手法であり、未培養微生物の機能や生理学的な特性を直接評価できる技術となるまで

には至っていない。例えば、放射性同位元素や安定同位体で標識した基質を添加し、短時間の培養を行うMAR-FISH法やSIP法では、添加した基質の資化性を評価しているだけであり、その他の特性に関する情報を得ることはできない。また、メタゲノム解析などによって配列情報がわかったとしても、機能未知遺伝子の割合があまりにも多いため、その機能の推定は憶測の域を出ないというのが現状である。したがって、最終的には、未知の微生物を純粋分離し、その機能を純粋培養微生物菌体として解析するのが、古典的ではあるが最も直接的な機能の評価法となる。

それでは、環境中に生息する難培養性微生物は、基本的に培養可能なのであろうか。特定の環境中に生息するということは、その場において増殖した、あるいは増殖していることに他ならないことから、人為的にその環境を完全に模擬できる技術があれば、培養できるはずである。したがって、現在まで培養できていない微生物群は、

① 単に今まで微生物学者の努力が足りず培養されていないだけで、現在の技術でもしかるべき努力と時間を使えば分離できるものか、

② 培養は可能であるが、他の似たような増殖特性を持つ微生物群に邪魔されて培養が見かけ上できていないものか、

③ あるいは現在の技術ではその微生物が必要とする環境を再現できず、培養ができないものか、

に分類が可能と思われる。

①に関しては、微生物学がたかだか150年程度の歴史しか持たない上、その多様性が膨大であり、かつその記載作業に分離から培養まで、さらには特性解明まで、多大な努力が必要であることを考えれば、未記載の微生物が山のようにいても全く不思議ではない。

②に関してはよくある現象であり、同じ培地で生育できる増殖速度の速い細菌などが優占して培養時に増殖してしまい、実際は同じ培地で増殖できる未培養微生物がその陰に隠れて培養できていないように見える場合である。このような未培養微生物は、環境中での存在割合が低い微生物や、培養条件下における増殖速度が極端に遅い微生物などであると推定される。おそらくはこのような微生物が難培養微生物といわれている微生物のかなり多くの部

分を占めるのではないかとも思われる。

③に関しては、他の微生物との共生が必要であったり、極めて特殊な化合物をその増殖に要求したり、特殊な物理化学的環境、例えば微妙な酸素濃度や基質濃度、あるいは土壌粒子への吸着といった特殊な環境を要求する微生物であると思われる。

①にかかわる微生物については、地道な分離培養と特性を記載するための作業が必要なだけであるが、微生物の多様性を考えると大変な作業になるものと思われる。また、②や③のような微生物を分離するためには、何らかの新しい工夫や、培養技術における技術革新が必要となる。技術的な進歩によって、これまで培養できなかった微生物群が一気に培養できるようになれば、微生物学を取り巻く環境は一変するに違いない。

これまでも新規な微生物の分離培養に関し地道な努力が続けられてきたが、地道な努力のみでは特に③に関連した微生物群、すなわち、実際の生育環境とあらゆる意味で同等な分離培養環境が必要な微生物群は、今後もそう簡単には分離培養できないものと推定される。このため、多様な未培養微生物の解析にはよりスマートな分子生物学的手法、すなわちゲノム配列解析からアプローチするメタゲノム的手法が取り入れられるようになってきた経緯がある。しかしながら、未培養微生物を分離するための努力も引き続き重要であることに変わりはない。というのも、第3章で説明したように、これまでに提案されている細菌の門レベルの分類群の内、半分以上は、クローン解析された遺伝子配列のみに基づいたクローンクラスタであり、分離培養された微生物は全く含まれていない。

このような点から、最近大きな研究の進展があった。これは筆者らの研究グループで分離、記載することに成功した門レベルで新規な系統群、*Gemmatimonadetes* 門に属する *Gemmatimonas aurantiaca*（ジェマティモナス・オーランティアカ）である。このクローンクラスタは、土壌環境や活性汚泥プロセスなどで高頻度に検出されるグループであり、よく知られた典型的未培養細菌門であった。この分離例は、門レベルでの未培養系統分類群に属する細菌を純粋分離した世界で初めての例となった。また、最近米国のグループにより、同様に未培養細菌門を代表する細菌、*Lentisphaera araneosa*（レンティスファエラ・アラネオサ）が純粋分離された。このように、クローン解析のみの配列情報から得られた門レベルの系統群において純粋培養微生物の取得に成功し、*Gemmatimonadetes*門、および*Lentisphaerae*門の2つの門を実体のある分類群として位置づけることができたことになる。

現在も多くの研究者が未培養微生物を培養するため、日夜努力を重ねているし、またそれを支援するための新しい培養技術の開発も進められている。したがって、クローン解析された遺伝子配列のみに基づいたクローンクラスタから、実際に分離培養できたという成功例が増えていくものと期待したい。

8.6 今後の課題

これまでにも繰り返し述べてきたように、自然界は各種の微生物で満ちあふれている。自然界のみならず、水処理プロセスや発酵食品などの人工的な環境においてさえもそれは同様である。我々はいろいろな場面で、意識するかしないかにかかわらず、微生物の働きを利用して生きている。このように、微生物は人の生活と密接にかかわっているにもかかわらず、その全容は不明な点が多い。

現在急速に進みつつある遺伝子の塩基配列を利用した分子生物学的な解析技術により、その多様性、あるいは特定の環境の群集構造を理解することは可能になってきた。しかしながら、多様な微生物の機能と系統分類学的な位置とを対応づけることは、まだまだ難しい。これを対応づけるためには、先にも述べたように、分離できなかった微生物を分離培養して、その実体を明らかにすることが基本的に重要である。このためには、これまでの分離培養手法の延長線上で地道に努力することも重要であるが、エネルギー、微量栄養素、シグナル物質などを介した新しい微生物共生系の解明と、新規な分離培養手法への活用などが期待される。

また、微生物が生息する環境をミクロな視点で見た場合、まさに多様である。各種の固形物、様々な濃度の溶存有機物や無機物、さらには近傍に共存する各種の微生物などが、その環境に生息する特定の微生物を取り巻いてい

る。しかも栄養となる基質の供給は種類、濃度ともに絶えず変化するし、温度、pH なども多様である。このような環境を、実験室の分離培養法に正確に再現することは不可能である。しかしながら、何とか、現場の環境に近づけた模擬的な環境で微生物を分離培養することはできないものだろうか。

　微生物を分離培養して機能を明らかにしていくことが重要であるとともに、先にも述べたように環境全体のゲノム解析を通じてその機能を明らかにしていく方法も有効である。特に、塩基配列解析速度、データベースの解析速度は日進月歩であることから、これまでは不可能と思われていた複雑な複合微生物系のゲノム解析が、短期間で可能となる日も近いのではないだろうか。現在米国では、個人の全ゲノム解析を1,000ドルで解析できる手法の開発を、国を挙げて進めている。このような手法が開発されれば微生物の世界にもすぐに導入できることから、分離培養以外の新機能探索に有効に活用できるものと期待される。

　新規な微生物あるいは微生物機能の探索は、単に複雑な微生物の世界に関する知的好奇心を満たすのみでなく、新規な生物遺伝子資源の確保とその有効活用にもつながることから、新規産業の振興も期待できる。

　ところで、本書のテーマである微生物相解析技術は、具体的にどのような場面で有効活用できるのであろうか。このような解析技術は上述の新規遺伝子資源の探索以外に、複合微生物系を利用した各種のプロセスの制御に利用できるのではないだろうか。複合微生物系を利用したプロセスとしては、下水処理プロセスや各種の工場廃水処理プロセス、有機性廃棄物のコンポスト化プロセスなどがある。このようなプロセスは基本的に各種のエンジニアリングパラメーターを最適化することによって、最適な制御が可能となるが、プロセスを構成する微生物相の解析結果を最適制御のための情報として利用することが期待されている。

　また、土壌汚染の除去を目的としたバイオレメディエーションには、現場にすでに生息する汚染物質分解菌を積極的に活性化して処理を促進するバイオスティミュレーションと、分解微生物を培養して導入するバイオオーグメンテーションがあるが、現場の微生物相を解析することによって、どちらを採用するか判断する情報として利用することができる。また、処理の安全性

を担保するため、処理前後の微生物相を解析して比較することも求められるようになってきている。

　近年、ボーリング技術の進歩により、なかなかアクセスすることが困難であった高深度地下圏の探索研究が進められるようになってきた。その結果、このような高深度の地下圏にも微生物が生息していることが明らかになり、地球規模での物質循環における微生物の関与、あるいは石油や天然ガス生成における微生物の関与などについても研究が進められてきている。このような地質年代レベルでの地球環境の変化や物質循環についても、地下環境微生物相の解析などからある程度の情報を得ることができるのではないだろうか。

　複合微生物系は、もっと身近な発酵食品の世界にもある。特に第1章で述べた伝統的な発酵食品は、単一の微生物を利用するよりも、自然発生的に出現する複合微生物系が利用される場合が多い。したがって、複雑な味や香りを醸し出すことができるが、一歩間違えればとんでもないものができあがってしまう。このような発酵食品の品質管理に微生物相解析が利用できるようになるかもしれない。

　この他にも、閉鎖性水域の汚染の評価や自浄作用の評価による将来予測、さらには農業用地の適正評価などに利用することも考えられるが、このような用途に利用するためにはさらに簡易でしかも低コストな手法の開発が必要となる。このような微生物相解析手法が、研究者のみならず誰にでも簡単に使える日がくれば、次の用途が広がってくるのではないだろうか。

付　　録

付録 1　rRNA 遺伝子配列の解析と原核生物の分類体系に関連する代表的なウェブサイト

(1) rRNA 配列のデータベース、解析関連

ARB プロジェクト（第 3 章）

　　　　　http://www.arb-home.de/
　　　　　ARB プログラムの開発グループによるウェブサイト。ARB プログラムのダウンロードが可能である。その使用法や関連する配列データベースなどが公表されている。ARB プログラムは UNIX 環境で利用できる。ARB プログラムを使うにはいくつかの方法があるが、ひとつの方法は、Linux を導入した PC を準備し、それに Linux 用の ARB プログラムをインストールするというものである。その方法を解説したファイルもこのサイトで閲覧可能である。しかしながら、Linux 環境の構築には煩雑な設定などの操作が必要であり、そのための UNIX 特有のコマンドの知識が不可欠であるため、もしそれらの操作に全く慣れていないならば、その導入は少し難しいかも知れない（UNIX 系の環境に少し慣れている方であれば、ARB プログラムの導入自体は難しいものではない）。比較的簡単に ARB プログラムを体験するには、Mac に導入することをお勧めする。現在の MacOS（MacOS X）は UNIX ベースのオペレーションシステムであり、UNIX 系のプラットフォームで開発されたアプリケーションを直接、あるいは若干の変更で利用することが可能である。MacOS X（Tiger, 10.4）、あるいは最新の MacOS（10.5）である Leopard に ARB をインストー

ルすることが可能である。英語での記載になるが、その方法は以下のサイトで詳しく公開されているので、興味があれば参考にしていただきたい（http://www.microbiol.unimelb.edu.au/people/dyallsmith/resources/ARB/index.html）。T-RFLP 解析の際に利用できる ARB 用プラグインソフト（TRF-CUT）は、http://www.mpi-marburg.mpg.de/downloads/ からダウンロードできる。

The Ribosomal Database Project（RDP）

http://rdp.cme.msu.edu/

現在データベースで公表されている 16S rRNA 配列をアライメントし、データベース化しているウェブサイト。2008 年 1 月 7 日時点で 471,792 種類の 16S rRNA 配列がデータベース化されている。そのデータベースをもとに、特定の rRNA 配列に最も近縁な配列を検索することも可能である。また、rRNA を標的とした DNA プローブ配列の特異性評価ができる機能も有する。分類体系は、The Taxonomic Outline of Bacteria and Archaea（http://www.taxonomicoutline.org/）、あるいは、NCBI Taxonomy Browser の分類体系に準拠している。ARB 用のデータベースをダウンロード可能である。

GreenGenes

http://greengenes.lbl.gov/

キメラ配列を除外した 16S rRNA 配列のみでアライメントし、データベース化しているウェブサイト。全長に近い配列のみで構成されるデータベース。2008 年 1 月 12 日時点で、1,250 塩基長以上の配列を持つ 188,073 種類の 16S rRNA 配列が登録されている。ARB プログラムの主な機能をウェブ上に再現したような各種ツール（データベース検索や DNA プローブ配列の特異性など）が利用可能である。分類体系は、16S rRNA 配列による分子系統に従い独自の体系で整理されている。

付　録

Silva

http://www.arb-silva.de/
現在データベースで公表されている SSU rRNA（16S/18S rRNA）および LSU rRNA（23S/28S rRNA）遺伝子配列をアライメントし、データベース化しているウェブサイト。SSU rRNA では、300塩基長以上の配列を網羅したデータベース（504,295 種類）と、約 1,000 塩基長以上の配列で構成されるデータベース（208,801種類）が別々に公表されている（2007 年 10 月時点）。ウェブ上に解析機能は付加されていないが、それぞれのデータベースをARB 用のデータベースとしてダウンロード可能である。

Bellerophon server

http://foo.maths.uq.edu.au/~huber/bellerophon.pl
16S rRNA 配列がキメラ配列であるかを評価するためのウェブサイト。他に、The Ribosomal Database Project のウェブサイトでも同様のサービスを提供している。また、キメラ配列などの評価のための Java ベースのプログラムとして、Pintails や Mallardなどが公開されているサイトも別に存在する（http://www.bioinformatics-toolkit.org/）。

probeBase

http://www.microbial-ecology.net/probebase/
rRNA を標的とした DNA プローブの配列情報をデータベース化しているウェブサイト。2008 年 1 月の時点で 1,300 種類以上のDNA プローブ情報が登録されている。

probeCheck

http://www.microbial-ecology.de/probecheck/
DNA プローブの特異性を評価するためのウェブサイト。既存の各種 rRNA データベース（上記データベース）や機能遺伝子デー

タベースを対象とした特異性評価が可能である。

MiCA (Microbial Community Analysis)

http://mica.ibest.uidaho.edu/

T-RFLP 解析を行う際、現在公開されているデータベースをもとに検出される断片長を理論的に調べることができるウェブサイト。プライマー配列と切断時の制限酵素を任意に選び、RDP や Greengenes などのデータベースをもとに検出される断片長を調査できる。

(2) 微生物の分類情報など

The Taxonomic Outline of Bacteria and Archaea (TOBA)

http://www.taxonomicoutline.org/

16S rRNA 配列による系統分類に基づいた分類体系を整理しているウェブサイト。

Straininfo.net

http://www.straininfo.ugent.be/

様々な微生物(原核生物、真核微生物)株や属種名をもとに、現在まで分離されている微生物の検索が可能なウェブサイト。検索結果から、保存されている菌株保存機関の情報や、LPSN、NCBI Taxonomy Browser などの情報にアクセスできる。

List of Prokaryotic names with Standing in Nomenclature (LPSN)

http://www.bacterio.cict.fr/

正式に記載されている原核生物のリストを掲載しているウェブサイト。それぞれの微生物の命名に関する情報や記載論文などの情報を網羅している。

NCBI Taxonomy Browser

http://www.ncbi.nlm.nih.gov/Taxonomy/taxonomyhome.html/
生物全体に関する分類体系を整理したウェブサイト。各分類群に関連して登録された遺伝子配列情報などにアクセスすることができる。

付録2 16S rRNA遺伝子のPCR増幅やrRNA検出の際に使用される代表的なプライマーとプローブ

プライマー、プローブ名	大腸菌16S rRNAでの位置	対象分類群	配列 (5'〜3')	公表年	著者	公表論文または書籍
Bac8f	8-27	*Bacteria*	AGAGTTTGATCCTGGCTCAG	1991	Weisberg et al.	J. Bacteriology 173, 697-703
Arc7f	7-26	*Archaea*	TTCCGGTTGATCCYGCCGGA	1988	Giovannoni et al.	J. Bacteriology 170, 720-726
Arc9f	9-25	*Archaea*	CYGGTYGATYCTGCCRG	1998	Dojka et al.	Appl. Environ. Microbiol. 64, 3869-3877
Arc109f	109-125	*Archaea*	ACKGCUCAGUAACACGU	1998	Grosskopf et al.	Appl. Environ. Microbiol. 64, 960-969
EUB338プローブ	338-355	*Bacteria*	GCTGCCTCCCGTAGGAGT	1990	Amann et al.	Appl. Environ. Microbiol. 56, 1919-1925
UNI530f	515-530	All organisms	GUGCCAGCMGCCGCGG	1991	Lane, D.J.	Nucleic acid techniques in bacterial systematics. John Wiley & Sons., Chichester.
ARC915プローブ	915-934	*Archaea*	GTGCTCCCCCGCCAATTCCT	1988	Stahl et al.	Appl. Environ. Microbiol. 54, 1079-1084
UNI1390r	1390-1407	All organisms	GACGGGCGGTGTGTACAA	1996	Zheng et al.	Appl. Environ. Microbiol. 62, 4504-4513
UNI1421r	1406-1421	All organisms	ACGGGCGGTGTGTRCA	1991	Lane, D.J.	Nucleic acid techniques in bacterial systematics. John Wiley & Sons., Chichester.
UN1492r	1471-1492	*Archaea* and *Bacteria*	TACGGYTACCTTGTTACGACTT	1991	Lane, D.J.	Nucleic acid techniques in bacterial systematics. John Wiley & Sons., Chichester.
UNI1510r	1496-1510	All organisms	GGGTACCTTGTTACG	1995	Lin et al.	Appl. Environ. Microbiol. 61, 1079-1084
UNI1541r	1525-1541	*Archaea* and *Bacteria*	AAGGAGGTGWTCCARCC	1995	Lane, D.J.	Appl. Environ. Microbiol. 61, 1079-1084

プローブ、プライマーの名称は論文によって異なる。
プライマーは、フォワード(f)およびリバース(r)側の配列として標記している。

参考文献

各章に関して完全な文献リストを添付すると膨大な数の文献リストとなってしまう。ここでは、特に参考になる、あるいは手軽に手に入り読みやすい文献を中心に、関連する文献を各章ごとにまとめた。各章の詳細に触れたい方は、参考にしていただきたい。

第1章

中村和憲 (1998). 環境と微生物：産業図書.

中村和憲 (2002). 微生物による環境改善：米田出版.

Whitman, W. B., Coleman, D. C. & Wiebe, W. J. (1998). Prokaryotes: The unseen majority. *Proceedings of the National Academy of Sciences USA* 95, 6578-6583.

Blochl, E., Rachel, R., Burggraf, S., Hafenbradl, D., Jannasch, H. W. & Stetter, K. O. (1997). *Pyrolobus fumarii*, gen. and sp. nov., represents a novel group of archaea, extending the upper temperature limit for life to 113 °C. *Extremophiles* 1, 14-21.

Schleper, C., Puehler, G., Holz, I., Gambacorta, A., Janekovic, D., Santarius, U., Klenk, H. P. & Zillig, W. (1995). *Picrophilus* gen. nov., fam. nov.: a novel aerobic, heterotrophic, thermoacidophilic genus and family comprising archaea capable of growth around pH 0. *Journal of Bacteriology* 177, 7050-7059.

第2章

鈴木健一郎，平石明 & 横田明 (2001). 微生物の分類・同定実験法：シュプリンガー・フェアラーク東京.

駒形和男 (1993). 微生物の化学分類実験法：学会出版センター.

岩槻邦男 & 馬渡峻輔 (2005). 菌類・細菌・ウイルスの多様性と系統： 裳華房.

ワイリー, E. O., シーゲル-カウジー, D., ブルックス, D. R. & ファンク, V. A. (1996). 系統分類学入門, 2nd edn：文一総合出版.

Watson, J. D., Bell, S. P., Levine, M., Baker, T. A. & Gann, A. (2006). 遺伝子の分子生物学, 5th edn：東京電機大学出版局.

長谷川政美 & 岸野洋久 (1996). 分子系統学, 2nd edn：岩波書店.

根井正利 & クマー, S. (2006). 分子進化と分子系統学：培風館.

Boone, D. R. & Castenholz, R. W. (2001). The *Archaea* and the deeply brancing and phototrophic *Bacteria*. In *Bergey's Manual of Systematic Bacteriology*. Edited by G. M. Garrity. New York: Springer-Verlag.

参考文献

Wayne, L. G., Brenner, D. J., Colwell, R. R. & other authors (1987). Report of the Ad Hoc committee on reconciliation of approaches to bacterial systematics. *International Journal of Systematic Bacteriology* 37, 463-464.

Stackebrandt, E. & Goebel, B. M. (1994). Taxonomic note: A place for DNA-DNA reassociation and 16S rRNA sequence analysis in the present species definition in bacteriology. *Applied and Environmental Microbiology* 44, 846-849.

第3章

Watson, J. D., Bell, S. P., Levine, M., Baker, T. A. & Gann, A. (2006). 遺伝子の分子生物学, 5th edn : 東京電機大学出版局.

工藤俊章 & 大熊盛也 (2004). 難培養微生物研究の最新技術 : シーエムシー出版.

Colwell, R. R. & Grimes, D. J. (2004). 培養できない微生物たち-自然環境中の微生物の姿 - : 学会出版センター.

Ludwig, W., Strunk, O., Westram, R. & other authors (2004). ARB: a software environment for sequence data. *Nucleic Acids Research* 32, 1363-1371.

Amann, R. I., Ludwig, W. & Schleifer, K.-H. (1995). Phylogenetic identification and in situ detection of individual microbial cells without cultivation. *Microbiological Reviews* 59, 143-169.

Hugenholtz, P., Goebel, B. M. & Pace, N. R. (1998). Impact of culture-independent studies on the emerging phylogenetic view of bacterial diversity. *Journal of Bacteriology* 180, 4765-4774.

Hugenholtz, P. (2002). Exploring prokaryotic diversity in the genomic era. *Genome Biology* 3, reviews 0003.0001-0003.0008.

Rappe, M. S. & Giovannoni, S. J. (2003). The uncultured microbial majority. *Annual Review of Microbiology* 57, 369-394.

第4章

工藤俊章 & 大熊盛也 (2004). 難培養微生物研究の最新技術 : シーエムシー出版.

Amann, R. I., Ludwig, W. & Schleifer, K.-H. (1995). Phylogenetic identification and in situ detection of individual microbial cells without cultivation. *Microbiological Reviews* 59, 143-169.

Amann, R. I., Springer, N., Ludwig, W., Gortz, H.-D. & Schleifer, K.-H. (1991). Identification in situ and phylogeny of uncultured bacterial endosymbionts. *Nature* 351, 161-164.

Kowalchuk, G. A., de Bruijn, F. J., Head, I. M., Akkermans, A. D. L. & Dirk van Elsas, J. (2004). *Molecular Microbial Ecology Manual*, 2nd edn. Dordrecht: Kluwer Academic Publisher.

参考文献

Stackebrandt, E. & Goodfellow, M. (1991). Nucleic acid techniques in bacterial systematics. Chichester: John Wiley & Sons Ltd.
Stackebrandt, E. (2006). Molecular identification, systematics, and population structure of prokaryotes. In *Berlin*: Springer-Verlag.
Hugenholtz, P. (2002). Exploring prokaryotic diversity in the genomic era. *Genome Biology* 3, reviews0003.0001-0003.0008.
Torsvik, V., Ovreas, L. & Thingstad, T. F. (2002). Prokaryotic diversity--magnitude, dynamics, and controlling factors. *Science* 296, 1064-1066.
Gans, J., Wolinsky, M. & Dunbar, J. (2005). Computational improvements reveal great bacterial diversity and high metal toxicity in soil. *Science* 309, 1387-1390.

第5章
Kowalchuk, G. A., de Bruijn, F. J., Head, I. M., Akkermans, A. D. L. & Dirk van Elsas, J. (2004). *Molecular Microbial Ecology Manual*, 2nd edn. Dordrecht: Kluwer Academic Publisher.
Stackebrandt, E. & Goodfellow, M. (1991). Nucleic acid techniques in bacterial systematics. Chichester: John Wiley & Sons Ltd.
Stackebrandt, E. (2006). Molecular identification, systematics, and population structure of prokaryotes. In *Berlin*: Springer-Verlag.
Kubota, K., Ohashi, A., Imachi, H. & Harada, H. (2006). Improved in situ hybridization efficiency with locked-nucleic-acid-incorporated DNA probes. *Applied and Environmental Microbiology* 72, 5311-5317.
Uyeno, Y., Sekiguchi, Y., Yoshida, H., Sunaga, A. & Kamagata, Y. (2004). Sequence-specific cleavage of small-subunit (SSU) rRNA with oligonucleotides and ribonuclease H: a rapid and simple approach to the SSU rRNA-based quantitative detection of microorganisms. *Applied and Environmental Microbiology* 70, 3650-3663.

第6章
工藤俊章 & 大熊盛也 (2004). 難培養微生物研究の最新技術：シーエムシー出版.
北條浩彦 (2008). リアルタイムPCR実験ガイド：羊土社.
Mackay, I. M., Arden, K. E. & Nitsche, A. (2002). Real-time PCR in virology. *Nucleic Acids Research* 30, 1292-1305.
Mackay, M. M. (2007). *Real-time PCR in Microbiology*. Norfolk: Caister Academic Press.
Ding, C. & Cantor, C. R. (2004). Quantitative analysis of nucleic acids--the last few years of progress. *Journal of Biochemistry and Molecular Biology* 37, 1-10.

Kowalchuk, G. A., de Bruijn, F. J., Head, I. M., Akkermans, A. D. L. & Dirk van Elsas, J. (2004). *Molecular Microbial Ecology Manual*, 2nd edn. Dordrecht: Kluwer Academic Publisher.

Kurata, S., Kanagawa, T., Yamada, K., Torimura, M., Yokomaku, T., Kamagata, Y. & Kurane, R. (2001). Fluorescent quenching-based quantitative detection of specific DNA/RNA using a BODIPY FL-labeled probe or primer. *Nucleic Acids Research* 29, e34.

Tani, H., Kanagawa, T., Kurata, S., Teramura, T., Nakamura, K., Tsuneda, S. & Noda, N. (2007). Quantitative method for specific nucleic acid sequences using competitive polymerase chain reaction with an alternately binding probe. *Analytical Chemistry* 79, 974-979.

Takatsu, K., Yokomaku, T., Kurata, S. & Kanagawa, T. (2004). A FRET-based analysis of SNPs without fluorescent probes. *Nucleic Acids Research* 32, e156.

Takatsu, K., Yokomaku, T., Kurata, S. & Kanagawa, T. (2004). A new approach to SNP genotyping with fluorescently labeled mononucleotides. *Nucleic Acids Research* 32, e60.

Wu, J-H., & Liu, W-T. (2007). Quantitative multiplexing analysis of PCR-amplified ribosomal RNA genes by hierarchical oligonucleotide primer extension reaction. *Nucleic Acids Research* 35, e82.

第7章

Kowalchuk, G. A., de Bruijn, F. J., Head, I. M., Akkermans, A. D. L. & Dirk van Elsas, J. (2004). *Molecular Microbial Ecology Manual*, 2nd edn. Dordrecht: Kluwer Academic Publisher.

Kanagawa, T. (2003). Bias and artifacts in multitemplate polymerase chain reactions (PCR). *Journal of Bioscience and Bioengineering* 96, 317-323.

Wagner, A., Blackstone, N., Cartwright, P., Dick, M., Misof, B., Snow, P., Wagner, G. P., Bartels, J., Murtha, M., and Pendleton. J. (1994). Surveys of gene families using polymerase chain reaction: PCR selection and PCR drift. *Systematic Biology* 43, 250-261.

Suzuki, M. T. & Giovannoni, S. J. (1996). Bias caused by template annealing in the amplification of mixtures of 16S rRNA genes by PCR. *Applied and Environmental Microbiology* 62, 625-630.

Polz, M. F. & Cavanaugh, C. M. (1998). Bias in template-to-product ratios in multitemplate PCR. *Applied and Environmental Microbiology* 64, 3724-3730.

Hugenholtzt, P. & Huber, T. (2003). Chimeric 16S rDNA sequences of diverse origin are accumulating in the public databases. *International Journal of Systematic and Evolutionary Microbiology* 53, 289-293.

Ashelford, K. E., Chuzhanova, N. A., Fry, J. C., Jones, A. J. & Weightman, A. J. (2005). At least 1 in 20 16S rRNA sequence records currently held in public repositories is estimated to contain substantial anomalies. *Applied and Environmental Microbiology* 71, 7724-7736.

Egert, M. & Friedrich, M. W. (2003). Formation of pseudo-terminal restriction fragments, a PCR-related bias affecting terminal restriction fragment length polymorphism analysis of microbial community structure. *Applied and Environmental Microbiology* 69, 2555-2562.

Thompson, J. R., Marcelino, L. A. & Polz, M. F. (2002). Heteroduplexes in mixed-template amplifications: formation, consequence and elimination by 'reconditioning PCR'. *Nucleic Acids Research* 30, 2083-2088.

Acinas, S. G., Sarma-Rupavtarm, R., Klepac-Ceraj, V. & Polz, M. F. (2005). PCR-induced sequence artifacts and bias: insights from comparison of two 16S rRNA clone libraries constructed from the same sample. *Applied and Environmental Microbiology* 71, 8966-8969.

Acinas, S. G., Marcelino, L. A., Klepac-Ceraj, V. & Polz, M. F. (2004). Divergence and redundancy of 16S rRNA sequences in genomes with multiple *rrn* operons. *Journal of Bacteriology* 186, 2629-2635.

Condon, C., Liveris, D., Squires, C., Schwartz, I. & Squires, C. L. (1995). rRNA operon multiplicity in *Escherichia coli* and the physiological implications of *rrn* inactivation. *Journal of Bacteriology* 177, 4152-4156.

Jain, R., Rivera, M. C. & Lake, J. A. (1999). Horizontal gene transfer among genomes: the complexity hypothesis. *Proceedings of the National Academy of Sciences USA* 96, 3801-3806.

Ciccarelli, F. D., Doerks, T., von Mering, C., Creevey, C. J., Snel, B. & Bork, P. (2006). Toward automatic reconstruction of a highly resolved tree of life. *Science* 311, 1283-1287.

第8章

Kowalchuk, G. A., de Bruijn, F. J., Head, I. M., Akkermans, A. D. L. & Dirk van Elsas, J. (2004). *Molecular Microbial Ecology Manual*, 2nd edn. Dordrecht: Kluwer Academic Publisher.

Andreasen, K. & Nielsen, P. H. (1997). Application of microautoradiography to the study of substrate uptake by filamentous microorganisms in activated sludge. *Applied and Environmental Microbiology* 63, 3662-3668.

Okabe, S., Kindaichi, T. & Ito, T. (2004). MAR-FISH—An ecophysiological approach to link phylogenetic affiliation and in situ metabolic activity of microorganisms at a single-cell resolution. *Microbes and Environments* 19, 83-98.

Radajewski, S., Ineson, P., Parekh, N. R. & Murrell, J. C. (2000). Stable-isotope probing as a tool in microbial ecology. *Nature* 403, 646-649.

Manefield, M., Whiteley, A. S., Griffiths, R. I. & Bailey, M. J. (2002). RNA stable isotope probing, a novel means of linking microbial community function to phylogeny. *Applied and Environmental Microbiology* 68, 5367-5373.

Huang, W. E., Griffiths, R. I., Thompson, I. P., Bailey, M. J. & Whiteley, A. S. (2004). Raman microscopic analysis of single microbial cells. *Analytical Chemistry* 76, 4452-4458.

DeRito, C. M., Pumphrey, G. M. & Madsen, E. L. (2005). Use of field-based stable isotope probing to identify adapted populations and track carbon flow through a phenol-degrading soil microbial community. *Applied and Environmental Microbiology* 71, 7858-7865.

Pernthaler, A., Pernthaler, J. & Amann, R. (2002). Fluorescence in situ hybridization and catalyzed reporter deposition for the identification of marine bacteria. *Applied and Environmental Microbiology* 68, 3094-3101.

Tyson, G. W., Chapman, J., Hugenholtz, P. & other authors (2004). Community structure and metabolism through reconstruction of microbial genomes from the environment. *Nature* 428, 37-43.

Venter, J. C., Remington, K., Heidelberg, J. F. & other authors (2004). Environmental genome shotgun sequencing of the Sargasso Sea. *Science* 304, 66-74.

Handelsman, J. (2004). Metagenomics: Application of genomics to uncultured microorganisms. *Microbiology and Molecular Biology Reviews* 68, 669-685.

Liolios, K., Mavromatis, K., Tavernarakis, N. & Kyrpides, N. C. (2008). The Genomes On Line Database (GOLD) in 2007: status of genomic and metagenomic projects and their associated metadata. *Nucleic Acids Research* 36, D475-D479.

Zhang, H., Sekiguchi, Y., Hanada, S., Hugenholtz, P., Kim, H., Kamagata, Y. & Nakamura, K. (2003). *Gemmatimonas aurantiaca* gen. nov., sp. nov., a Gram-negative aerobic polyphosphate-accumulating microorganism, the first cultured representative of the new bacterial phylum *Gemmatimonadetes* phy. nov. *International Journal of Systematic and Evolutionary Microbiology* 53, 1155-1163.

Cho, J. C., Vergin, K. L., Morris, R. M. & Giovannoni, S. J. (2004). *Lentisphaera araneosa* gen. nov., sp nov, a transparent exopolymer producing marine bacterium, and the description of a novel bacterial phylum, *Lentisphaerae*. *Environmental Microbiology* 6, 611-621.

あとがき

　本書で概説したように、遺伝子配列解析技術の急速な進歩、膨大な配列データを取り扱う最新技術の進歩により、目に見えない微生物を効率的に系統解析することができるようになった。自然界に生息する微生物の多くは、これまでの手法では分離培養が困難であったことから、その全容をつかむことは不可能に近かった。しかし、最新技術を用いた解析結果は、自然界の微生物に関するこれまでの知見は氷山の一角であり、そこには膨大な未知の世界が広がっていることを裏付けつつある。

　すなわち、各種環境に生息する分離培養が困難な微生物群は、これまでに知られている微生物が単に休止菌体とか胞子とかになっているために分離培養できなくなっているわけではなく、その多くがこれまでの手法では分離培養できない、分類系統学的に全く新規な微生物群であることが明らかになってきている。このような未知の世界を明らかにしていくことは、微生物にかかわる研究者の責務であるとともに、新規な有用遺伝子資源の開発と利用という面でも重要である。

　以上のような観点からは、今後とも、新規微生物の分離培養による記載と工業利用の可能性を探る地道な研究が重要と考えられる。一方、膨大な遺伝子資源の有効活用には、これまでの手法に加え、新規な遺伝子資源探索としてのメタゲノムアプローチも重要となってくる。メタゲノムアプローチでは、高速塩基配列決定技術、データ解析技術の進歩が鍵になることから、今後、これら技術のさらなる進展に期待したい。

　また、各種水処理プロセス、廃棄物のコンポスト化プロセス、バイオレメディエーションサイトといった人工生態系も、微生物相の多様性は想像以上に高いことが明らかになりつつある。これらプロセスの微生物相解析データは徐々に蓄積されつつあるが、そのデータをプロセスの効率化、最適運転管理のために積極的に活用できるまでには至っていない。微生物相解析技術、

あとがき

　データ解析技術そのものは急速に進んできているものの、これらの技術をプロセス管理につなげていくための研究がまさに今後の課題ともいえる。

　本書で繰り返し述べてきたように、微生物の世界には広大な未知の分野が残っている。このような微生物の世界を探検する研究者を目指す方々、これから微生物相解析技術を応用面で利用することを検討している方々、さらに、微生物以外の分野で遺伝子解析技術を活用していくことを考えている方々にも、本書で紹介した最新の解析技術は大いに役立つものと期待している。

　最後に、図の作製に協力いただいた今井左知子さん、辛抱強く励ましていただいた米田出版の米田忠史氏に感謝の意を表したい。

中村和憲
関口勇地

事項索引

ACE　*76*
ARB　*48,157*

BLAST　*48*
BOD　*5*

CARD　*89*
CARD-FISH　*146*
Chao1　*76*
complexity 仮説　*135*
CTC　*142*

DAPI　*88*
DDBJ　*47*
DGGE 法　*62*
DNA　*22*
DNA-DNA ハイブリダイゼーション　*24*
DNA ジャイレース　*29*
DNA 増幅方法　*43*
DNA プローブ　*62*
DNA ポリメラーゼ　*43*
DNA マイクロアレイ　*91*
DVC　*90*

FISH　*62,86*
FITC　*88*
FRET　*88*

GC クランプ　*69*
G＋C 含量　*23*

GenBank　*48*
GreenGenes　*158*

HOPE　*103*

ICAN　*44*
in situ　*86*
In situ PCR　*90*
Isotope array　*141*

LAMP　*44*
LNA　*90*

MAR-FISH　*140*
MPN　*18*
mRNA　*91*

NASBA　*44*
NCBI　*48*
NCBI Taxonomy Browser　*158*

OSNA　*44*
OUT　*31*

PCR　*43*
PCR サイクル数　*100*
PCR セレクション　*123*
PCR ドリフト　*132*
PNA　*90*

事項索引

rarefaction 解析　76
RDP　49,158
RFLP　67
RNA　22
rRNA　24,157
rRNA アプローチ　62
rRNA 切断酵素　92
rrn オペロン　98,134

SDS　90
SIMS　145
SIP　143
SNP　43,111
16S rRNA　27,158
SSCP　71
SSU rRNA　27
SYBR Green　110

TaqMan プローブ　106
μ-TAS　74
TGGE　69
TRC　44
T-RFLP　71
TSA　146

VBNC　55
VNTR　111

あ　行

アーキア　6
アクチノバクテリア　29
亜硝酸酸化細菌　20
圧縮方法　48
アデニン　22
アニーリング　43,125

安定同位体　143
アンピシリン　66
アンモニア酸化細菌　4

イーブンネス　76
イオウ酸化細菌　4,8
1 塩基多型　43
遺伝子　24
イムノクロマト・ストリップ法　81
インターカレーター　106

ウイルス　16
ウエスタンブロット　85

エクソヌクレアーゼ活性　107
エライザ　80,81
塩基配列解析　41
塩基配列解析技術　45

オリゴヌクレオチド　42,105

か　行

科　37
界　27
化学分類　20
核酸　22
核酸染色試薬　70
活性汚泥　3
カナマイシン　66
カビ類　2
枯草菌　1
寒天　17

機能遺伝子　136
キメラ　49

事項索引

キメラDNA　*121*
キメラプライマー　*44*
キャピラリーゲル電気泳動　*46*
キャピラリー電気泳動　*74*
競合的リアルタイム定量PCR法　*101*
距離行列法　*30*
キングダム　*27*
近隣結合法　*30*

グアニン　*22*
クエンチャー　*107*
組換えDNA技術　*41*
グラム染色　*19*
グラム陽性細菌　*22*
クレンアルケオータ　*29*
クローニング　*34*
クローンライブラリ法　*121*
クロストリジューム　*2*

蛍光色素　*83*
蛍光消光プローブ　*103,108*
形質転換　*40*
系統樹　*31*
ゲノム解析　*41*
原生動物　*4*

酵母　*1*
コスミドベクター　*151*
コロニー　*17*
コンピテントセル　*65*
根粒菌　*11*

さ　行

座位　*32*
最大節約法　*31*

細胞壁　*20*
最尤法　*31*
サザンブロッティング　*85*
サルモネラ　*2*

シーケンサー　*41*
ジェノタイプ　*34*
ジェランガム　*17*
ジデオキシヌクレオチド　*45*
シトシン　*22*
種　*33,37*
シュードモナス　*29*
宿主　*39*
硝化細菌　*4*
硝酸還元菌　*20*
ショットガンクローニング　*41*
シリカゲル　*17*
シンプルプローブ　*109*

水素酸化細菌　*20*
垂直伝播　*61*
水平伝播　*61*
スタフィロコッカス　*2*
ストリンジェンシー　*125*
ズブチリシン　*2*
スペーサー領域　*136*
スロットブロット　*83*

セルソーター　*16*

増幅エンドポイント定量法　*102*
増幅曲線　*99*
属　*37*

た　行

事項索引

多重アライメント　30
脱窒素細菌　20
多様性　75
担子菌　18
タンパク質変性剤　120

チオバシルス　12
チオマルガリータ　15
チミン　22

鉄還元菌　20
鉄酸化細菌　20
電気泳動　46

独立栄養細菌　17
ドットブロット　83
ドメイン　27

な　行

内部標準遺伝子　101
ナノアルケオータ　29

2次構造　51
乳酸菌　1

ノーザンブロット　85

は　行

バイアス　119
バイオインフォマティクス　149
ハイブリダイゼーション　23
ハイブリダイゼーションプローブ　107
パイロロバス　12
バクテリア　7

バクテリオシン　2
バクミドベクター　151
バルキング　4

ビーズビーター　120
ピクロファイラス　12
微小後生動物　4
ビブリオ　2

ファーミキューテス　29
ファイロタイプ　34
ブートストラップ解析　32
フェノール　120
フェノタイプ　34
フォスミドベクター　151
フォワードプライマー　106
ブフネラ　8
プライマー　42
プラスミドベクター　39
フローサイトメトリー　89
プロテアーゼ　120
プロテオバクテリア　29
不和合性　66
分子系統解析　27
分子マーカー　61
分離培養法　16
分類群　23

ペプチドグリカン　20
ヘリコバクター・ピロリ菌　82
ヘリックス部位　129
変性　43

放射線同位元素　83
放線菌　18
ボールミル　120

ホスト-ベクター系　40

ま 行

マスキングプローブ　87
マルチカラーFISH　88
マルチテンプレートPCR　123

ミスマッチ　87
未培養微生物　57

メタゲノム解析　140
メタン酸化細菌　20
メタン生成古細菌　6
メチルCoM還元酵素　136
免疫抗体　22
メンブレンハイブリダイゼーション法　83

網　37
目　37
モレキュラービーコン　109
門　28,37

や 行

ユウリアルケオータ　29

ユニバーサルプライマー　62

ら 行

ライゲーション　65

リアルタイム定量的PCR　99
リコンディショニングPCR　132
リゾチーム　120
リッチネス　75
リバースプライマー　106
リブロースジリン酸カルボキシラーゼ　29
リボソーマルシーケンスタグ　73
リボソームRNA　24
リボソームRNAアプローチ　60
リボヌクレアーゼ　44
リボヌクレアーゼH　93
硫酸還元菌　20

レーザーピンセット　16
レポーター蛍光色素　107

〈著者略歴〉

中村和憲
1970年3月山形大学農学部農芸化学科卒業、1970年4月工業技術院微生物工業技術研究所入所、1988年10月同所複合微生物研究室長、1994年7月生命工学工業技術研究所（組織再編により研究所名変更）統括研究調査官、2001年4月独立行政法人産業技術総合研究所生物遺伝子資源研究部門（行政改革により組織変更）副研究部門長、2002年9月同所生物機能工学研究部門副研究部門長、2008年4月同所評価部首席評価役、現在に至る。1997〜2008年筑波大学大学院生命環境科学科併任教授。博士（工学）

関口勇地
1999年3月長岡技術科学大学工学部エネルギー・環境工学専攻（博士課程）修了、1999年4月長岡技術科学大学工学部環境・建設系助手、2001年4月独立行政法人産業技術総合研究所生物遺伝子資源研究部門研究員、2002年9月同所生物機能工学研究部門研究員、2006年9月同所生物機能工学研究部門グループ長、（2005年4月より長岡技術科学大学連携大学院准教授）、現在に至る。博士（工学）

微生物相解析技術
―目に見えない微生物を遺伝子で解析する―

2009年4月9日　初　版

著　者……………中　村　和　憲・関　口　勇　地
発行者……………米　田　忠　史
発行所……………米　田　出　版
　　　　　　〒272-0103　千葉県市川市本行徳 31-5
　　　　　　電話　047-356-8594
発売所……………産業図書株式会社
　　　　　　〒102-0072　東京都千代田区飯田橋 2-11-3
　　　　　　電話　03-3261-7821

© Kazunori Nakamura　2009　　　　中央印刷・山崎製本所
　 Yuji Sekiguchi

ISBN978-4-946553-39-4　C3045